乡村景观与旅游规划

Rural Landscape and Tourism Planning

张琳　著

同济大学出版社·上海

图书在版编目（CIP）数据

乡村景观与旅游规划 / 张琳著 . -- 上海：同济大
学出版社 , 2022.10
ISBN 978-7-5765-0377-7

Ⅰ . ①乡… Ⅱ . ①张… Ⅲ . ①乡村规划－景观设计－
研究－中国②乡村旅游－旅游规划－研究－中国 Ⅳ .
① TU986.2 ② F592.3

中国版本图书馆 CIP 数据核字 (2022) 第 166188 号

乡村景观与旅游规划
Rural Landscape and Tourism Planning

张琳 著

策划编辑 孙 彬
责任编辑 孙 彬
责任校对 徐春莲
装帧设计 张 微
出版发行 同济大学出版社 www.tongjipress.com.cn
　　　　（地址：上海市四平路 1239 号 邮编：200092 电话：021–65985622）
经　销 全国各地新华书店
印　刷 上海安枫印务有限公司
开　本 710mm×1000mm 1/16
印　张 15
字　数 300 000
版　次 2022 年 10 月第 1 版
印　次 2022 年 10 月第 1 次印刷
书　号 ISBN 978-7-5765-0377-7
定　价 128.00 元

本书若有印装质量问题，请向本社发行部调换

版权所有 侵权必究

序 言

　　还记得 20 年前张琳来找我读研究生时候的样子，充满了年轻一代对风景园林学科无限的憧憬和向往。20 年来，她在理论研究和专业实践中不断地思考、探索，从一名学生成为教师，始终坚持着这份对风景园林的热爱和执着，岁月荏苒、初心不改。

　　张琳攻博的方向是风景旅游规划，旨在研究自然和人文资源保护与旅游可持续发展的路径，以风景园林学的视角提出旅游空间规划的策略。其博士学位论文《旅游资源资本化》创新性地提出了以资本化的方式进行风景旅游资源保护的途径。进入乡村景观与旅游规划领域始于 2014 年初，她来找我讨论自然科学基金课题的选题，探讨如何将现代风景园林规划"背景、活动、建设"的三元理论应用于乡村景观的理论研究和实践前沿。响应"望得见山、看得见水、记得住乡愁"的号召，针对中央城镇化工作会议提出的工作要求，融入学术界的热烈讨论，我们一致认为乡村旅游是促进乡村振兴和新型城镇化发展、实现乡村自然和文化资源保护理想的有效途径，便将选题定为"乡土文化传承与现代乡村旅游发展耦合机制研究"，这一选题于 2014 年顺利获批国家自然科学基金青年项目。在接下来的几年里，她带领学生开展了广泛而深入的调研，从乡村旅游业态、乡村文化空间、乡村景观情境、游客行为偏好等方面探讨了乡土文化与现代乡村旅游活动耦合发展的内在机制；从乡村旅游空间规划、活动策划、开发建设三个方面提出了规划策略和干预模式。在项目研究的过程中，张琳多次和我讨论交流，对调研中发现的问题进行了深入的思考。我们发现旅游发展在一定程度上促进了传统景观的保护和乡村人居环境的改善，但是伴随着许多乡村景观越来越精致化、符号化、同质化，乡村反而失去了原有的地方性和乡土气息。究其原因，表面上是由于旅游商业活动的利益驱动，深层问题则是由于景观主体缺少对乡村景观价值的感受和认知，故而解决问题的关键又回到了风景园林的核心——景观感应。如何使游客和村民认识到乡村景观价值的独特性、树立正确的乡村景观审美导向，进而对乡村景观地方性产生认同和依恋，并转化为主动的保护行为？据此，张琳进一步将研究重点聚焦于旅游发展下村民和游客对乡村景观的景观感应研究，运用本团队创立的景观感受主客观评价的现代技术方法，提出了以旅游规划为激励、以景观感受行为为媒介、以乡村景观价值保护提升为应对目标的乡村旅游规划三元耦合共生的理论方法；提出了村民和游客的"共同价值""共赢机制""共享模式"；发展了乡村景观规划的新理论、新方法、新模式，以保景观、记乡愁；从风景园林学的视角对乡村振兴的理论研究和发展模式做出了极富价值的探索开创。这就使得研究更为聚焦、深化、具有原创性。该研究于 2018 年成功申请到了国家自然科学基金面上项目"传统村落景观感受机制与旅游激励规划模式"，本书的核心成果正是基于该项目的研究。

张琳的科研成绩与她的教学积累密不可分。尤其是近年她一直参与我领衔 27 年的硕博研究生课程"人类聚居环境学"的教学工作，可以看到，她已逐渐对乡村人居环境的三元哲学理论体系和方法论熟稔于心，能够从乡村人居环境的视角对景观保护与旅游发展的核心问题有更加整体、系统的把握，以使研究的广度和深度都有了拓展。此外，她还全程主要参与了我所主持的科技部"十一五"重点支撑计划项目、国家自然科学基金重点项目"城市宜居环境风景园林小气候适应性设计理论和方法研究"，以及国家自然科学基金面上项目"城市景观视觉空间网络感应机理与评价"等研究工作，掌握了风景园林感应评价的方法和技术。可以说，在乡村景观与旅游规划领域研究成果背后的是她多年科研工作的深厚积累。

《乡村景观与旅游规划》一书是张琳多年科研和教学工作成果的集中体现，可谓厚积薄发、水到渠成。该书在国家乡村振兴战略推动和旅游产业转型拉动的双重动力下，围绕"目标—产业—景观""乡愁—行为—旅游""政策—评价—规划"的三元九点展开，创新地提出乡村景观三维三度价值构成，构建了乡村旅游与景观互动的价值感知理论，从风景园林学的视角对乡村振兴的基础理论研究做出了探索。在研究方法上，将现代景观感受评价的方法技术应用到乡村景观环境的研究中，对乡村景观感受的物理指标、生理心理指标和行为偏好进行多维度、定量化测试分析。将大样本调研实测与景观情境模拟预测相结合，不仅对乡村景观规划研究方法进行了创新，而且将现有的限于局部、点状、线状景观感受的研究扩展为整体景观网络系统构建及感受评价，拓展了现代景观评价技术的应用。将理论研究与规划实践相结合，以景观价值与空间行为感受之间的耦合关系为基础，提出乡村景观旅游激励下的三类九种规划模式，对乡村旅游规划模式开展了创新思考。

　　作为一名青年学者，她积极向上、勤奋好学，天性乐观开朗、豁达坦荡，对教学和科研工作充满了热爱。作为她的导师，看到她在风景园林领域有了自己清晰的研究方向和研究专长，在专业领域逐渐成长、成熟，我感到由衷地欣喜和欣慰。相信她会一直保持着这份对专业的热爱，脚踏实地、教书育人、笔耕不辍，取得更加丰硕的成果，在辛勤耕耘中收获充实和快乐。

2022 年 7 月 31 日于同济大学

　　乡村是人类聚居环境的重要组成部分，承载了农业社会中人们的聚居劳作、文化娱乐、人情往来等社会行为。自然化的乡村人居背景、乡土化的乡村人居活动和地域化的乡村人居建设，使乡村人居环境形成独特的自然和人文生态系统。在千百年来人与自然相互作用、相融相生的过程中，乡村地区形成了丰富多彩的农业景观、聚落景观和人文景观，不仅具有重要的环境生态价值、社会经济价值、精神文化价值和科学技术价值，而且具有重要的旅游和游憩价值。可以说，乡村景观与旅游游憩具有天然的联系，乡村景观满足了人们对乡野桃源自然环境的向往，承载了人们对田园牧歌式精神家园的希冀。

　　近年来，随着我国新型城镇化和乡村振兴等国家战略的稳步推进，乡村旅游产业的作用逐渐凸显，成为助力"三农"问题破解的有效途径。根据中华人民共和国文化和旅游部的统计数据，2019 年，我国乡村旅游接待人次达到了 30.9 亿，占国内旅游人次的一半[1]，尤其是城市居民周末休闲和节假日出游，周边乡村旅游地成为首选；席卷全球的新冠疫情暴发以来，乡村旅游更是表现出极强的发展韧性，成为引领旅游行业率先恢复发展的新亮点。然而，旅游产业在推动乡村社会经济快速发展的同时，也给乡村景观的保护带来了挑战，在一定程度上加剧了乡村人居环境中人地关系的矛盾：大量游客的涌入，不仅给乡村生态环境和古建筑的保护带来了压力，也使村民与游客之间在空间利用等方面的矛盾冲突不断显现；过度的旅游商业化，使乡村本身的地域特征和文化多样性逐渐消失，不仅影响了游客对乡村景观价值的感知，也影响了原住村民对村落的场所依恋；外来资本的注入、利益主体的多元化，加剧了乡村人居环境区域异化与同化的过程，对乡村公平与社区可持续发展造成影响。因此，厘清乡村人居环境与游憩价值之间的内在联系，平衡乡村地域性文化传承与商业化旅游资源开发的关系，发挥旅游活动对社区协同发展的积极作用，是实现乡村景观保护与旅游可持续发展的重要任务。

1　中国发布，http://news.china.com.cn/2021-08-27/content_77718546.html.

2015 年起，笔者先后主持了国家自然科学基金青年项目"乡土文化传承与现代乡村旅游发展耦合机制研究"、国家自然科学基金面上项目"传统村落景观感受机制与旅游激励规划模式"，基于乡村人居环境学"背景、活动、建设"三位一体的理论视角，对乡村旅游发展的特点与需求、乡村景观保护的压力与挑战以及乡村景观保护与旅游发展相互促进的内在机制进行了深入的调研。七年来，笔者带领同济大学建筑与城市规划学院研究生课题组在上海、江苏、浙江、安徽、福建、云南、四川等地的乡村展开了深入调研，以村民和游客的景观感受为切入点，通过实地踏勘、结构化问卷及访谈、生理心理指标测试、游览路径轨迹跟踪、行为偏好分析等研究方法，积累了大量的一手资料。在此基础上，探讨以风景园林规划设计为途径，实现乡村景观保护传承与乡村旅游耦合发展的干预模式，在理论与现实之间寻求一种契合的发展路径。

本书是对以上课题研究的提炼和总结，主要内容包括六章：乡村景观的价值与特征、旅游发展下的乡村景观价值感知机制、基于景观保护的乡村旅游规划方法、旅游激励下的乡村景观优化提升模式、社区参与的乡村可持续旅游与景观保护、乡村旅游发展下村民与游客的空间共享规划策略。首先，从乡村人居环境的整体和构成要素出发，对旅游发展下的乡村景观价值进行系统地分析论证，探讨乡村人居环境与游憩资源的内在联系，提出其核心价值特征：自然性、乡土性、体验性，建立乡村景观游憩价值评价体系。其次，基于景观感受行为理论的视角，从乡村物理情境、心理情境、行为情境三个层面，对村民和游客感受的物理指标、生理心理指标和行为偏好进行了定量化的测析，厘清了具有高感知价值的乡村景观要素特征及时空分异规律，提取了能够改善乡村景观感受质量的景观要素、空间模式和环境意向，构建了乡村景观价值与空间行为感受之间的互动关系模型。在科学理性分析的基础上提出以乡村景观价值保护和传播为核心的乡村旅游规划的原则，并对乡村旅游发展相关的政策法规进行解读，有针对性地提出了乡村旅游规划的方法：保护乡村游憩资源、发现乡村之"美"，活化乡村游憩空间、尊重乡村之"土"，改善乡村游憩环境、提升乡村之"净"。再次，从旅游规划的角度进一步提出乡村景观优化提升的模式，探讨如何以旅游发展为契机，推动乡村景观的环境保护、引导乡村景观活动组织、促进乡村景观建设优化，具体包括物理情境的再生模式、心理情境的互生模式、行为情境的共生模式等，为乡村景观保护及价值利用提供了规划依据。最后，研究聚焦乡村景观保护与旅游发展中的社区参与和主客共生这一前沿问题，探讨了社区原住村民在乡村景观体系中的重要价值，提出了社区参与乡村旅游发展的意义、参与途径及旅游业态网络化发展模式；并进一步在对乡村旅游发展下村民与游客空间冲突分析的基础上，提出村民与游客空间共享的规划策略。

本书基于人居环境的视角，以乡村景观的价值分析论证为基础，以景观感受评价为媒介，以乡村旅游产业为切入点，全面、系统地认识了乡村景观游憩价值的构成要素及特征，厘清了乡村人居环境与游憩价值之间的内在联系。研究了乡村景观保护与乡村旅游发展的价值判断、机制调节、模式建立之间的耦合关系，通过将构成风景园林物质环境的客体与形成风景园林感受的主体相互结合，验证、分析并提取了具有较高舒适度、愉悦度、活跃度的乡村景观空间模式、景观节点和环境意向，将静态的景观凝视物与动态的行为体验相融合。协调了居民与社会、传统与现代、景观形态与文化的关系，进行了地域营造传统在乡村景观的适应性规划，避免只注重景观客体或主观意识、只注重保护或旅游发展的片面式规划方法。同时，本书将理论研究与案例实践紧密结合，每一章在对理论研究成果进行系统梳理的基础上，都结合调研实践进行了有针对性的案例分析。本书使景观价值、旅游发展落实于空间规划设计，开创了一条具有可操作性的、适应景观主体空间感受需求的乡村景观保护与旅游发展的规划设计之路，在理论内容、研究方法、规划模式方面具有一定的前沿性和探索性。

乡村不仅承载了人类社会和世界环境未来发展的关键资源，而且具有多样的景观风貌和风土文化。遍布祖国大地的乡村景观，构成了国土空间人居环境风貌的瑰丽画卷，展现了人们顺应自然、利用自然的生态智慧，更蕴含着民族融于骨血、代代相传的精神文化。方兴未艾的乡村旅游不仅反映了人们对自然、安全、健康的田园环境的追求，更反映了人们割舍不了的乡愁。合理地规划和发展乡村旅游，将旅游活动与乡村的生产生活有机结合，将乡村景观的价值转化为旅游、休闲、教育、文化传播等多样功能，不仅可以对乡村景观进行活化的、持续的保护，而且可以成为传承优秀乡土文化、树立文化自信的有效途径。本书提出了乡村旅游与景观互动的价值感知理论，构建了旅游驱动下的乡村景观与感受互动机制，开创了乡村景观旅游激励的规划新模式。希望这些探索能够完善乡村景观保护与旅游发展相关理论研究，推动乡村旅游产业持续健康发展的实践，促使旅游活动发挥其在乡村人居环境建设中的积极作用。

目 录

序言   3

前言   7

第一章 乡村景观的价值与特征   13

第一节 乡村景观   14

第二节 乡村人居环境   17

第三节 乡村景观的游憩价值   25

第四节 案例分析：福建邵武高峰村乡村景观与旅游资源分析   35

第二章 旅游发展下的乡村景观价值感知机制   43

第一节 乡村景观情境   44

第二节 乡村景观物理情境的感知   52

第三节 乡村景观心理情境的感知   60

第四节 乡村景观行为情境的感知   88

第五节 案例分析：四川阿坝理县桃坪羌寨游客行为偏好分析   96

第三章 基于景观保护的乡村旅游规划方法   113

第一节 乡村旅游规划的原则   114

第二节 乡村旅游发展相关的政策法规   117

第三节 乡村旅游规划的方法   120

第四节 案例分析：浙江象山县定塘镇乡村旅游总体策划   136

第四章 旅游激励下的乡村景观优化提升模式   161

第一节 乡村景观背景保护模式   162

第二节 乡村景观活动组织模式   165

第三节　乡村景观建设优化模式　　　　　　　　　　　　　168

第四节　案例分析：上海青浦区重固镇余姚村改造更新设计　170

第五章　社区参与的乡村可持续旅游与景观保护　　　　177

第一节　社区参与乡村旅游发展的重要意义　　　　　　　178

第二节　社区在乡村景观中的价值　　　　　　　　　　　180

第三节　社区参与乡村可持续旅游的途径　　　　　　　　183

第四节　基于社区参与的乡村旅游业态网络化发展模式　　189

第五节　案例分析：社区参与下的云南阿者科村乡村旅游发展　197

第六章　乡村旅游发展下村民与游客的空间共享规划策略　209

第一节　旅游发展下的乡村空间冲突　　　　　　　　　　210

第二节　乡村空间行为冲突与感知冲突　　　　　　　　　214

第三节　村民与游客的空间共享策略　　　　　　　　　　220

第四节　案例分析：上海闵行区革新村居游冲突空间分析与优化　224

结语　　　　　　　　　　　　　　　　　　　　　　　239

第一章
乡村景观的价值与特征

1

第一节　乡村景观 / 第二节　乡村人居环境 / 第三节
乡村景观的游憩价值 / 第四节　案例分析：福建邵武
高峰村乡村景观与旅游资源分析

第一节　乡村景观

　　乡村景观产生于千百年来人们对土地等自然资源的生产利用，是"自然与人类的共同作品"[1]，记录着人类社会的变迁和演进，反映了农业社会不同历史时期的文化以及乡村土地对于当时技术的适应[2]，包含了乡村地域内相互关联的自然、人文、社会、经济等现象的总体。作为一种"有机进化的景观"，乡村景观是典型的文化景观，其突出的普遍价值得到联合国教科文组织（UNESCO）的认可。国际古迹遗址理事会 - 国际景观设计师联盟（ICOMOS-IFLA）提出"所有乡村地区都具有人们和社区所赋予的文化意义，一切乡村地区皆是景观"，多样性、近自然性及地域差异性是乡村景观最显著的特征。

一、景观的概念与特征

　　"景观"是在一定区域范围内，由自然、人文、社会、经济等多种现象形成的综合表现。从荒野、乡村到城市，景观涵盖了自然环境、人化自然环境以及人工创造的环境，是人与自然、人与人之间的关系在土地上的反映。

　　19 世纪初期，德国地理学家洪堡德（A. von Humboldt）提出景观作为地理学的中心问题，探索了由原始自然景观变成人类文化景观的过程，认为"景观"具有地表可见景象的综合与某个限定性区域的双重含义[3]。"美国现代景观之父"奥姆斯特德（Frederick Law Olmsted）通过其倡导的"波士顿项链"、城市美化运动、纽约中央公园等实践，进一步诠释了现代景观的特征与意义。1881 年，奥姆斯特德以波士顿公地为起点，利用河流、泥滩、荒地，在城市滨河地带打造 2000 公顷的绿色空间，以线性空间联系城市公园，重构城市自然景观系统，并以乡村作为解决问题的出路，思考如何将乡村、自然、田园融入城市之中，探索了自然景观与人工景观的关系[4]。美国地理学家索尔（Carl Ortwin Sauer）大力倡导景观形态学研究，创建了文化景观学派，把景观看作地表的基本单元，认为景观是由自然和文化两部分要素叠加而成的，通过大量的实例研究揭示了人地关系的复杂性和规律性。在生态学研究领域，20 世纪 30 年代德国生物地理学家卡尔·特罗尔（Carl Troll）将景观的概念引入生态学，作为在生态系统之上的一种尺度单元。生态学中使用景观概念有两种方式：一种是直观的，认为景观是基于人类尺度上的一个具体区域，具有数千米尺度的生态系统综合体，包括森林、田野、灌丛、村落等可视要素；另一种是抽象的，代表任意尺度上的空间异质性，即景观是一个对任何生态系统进行空间研究的生态学标尺 [5]，通过把动物、植物、水、土壤、气候等生态系统要素引入景观中，将人类和自然系统相结合，分析生态学上最适合的土地利用模式。地理学和生态学的研究探索进一步拓展了景观的外延，揭示出景观是由诸多复杂要素相联系构成的系统。

可见，景观不仅是一种"空间""形态"，更是一种"资源"，景观规划师们"把人类需求与景观的自然特性与过程相联系，关注宏观尺度的资源配置，不仅关注景观的土地利用与人类的短期需求，更强调景观的美学价值和作为复杂生命体组织整体的生态价值及带给人类的长期效益"[6]。麦克哈格（Mcharg）的《设计结合自然》（1969）进一步强调了土地利用应遵从自然固有的价值和自然过程，建立了景观规划的准则，运用生态学的可持续性去创造富有多样性、易于管理的景观，使得人们对景观的认知更加科学和理性。迄今为止，人们对景观概念的内涵和外延的认知仍在不断发展中，作为自然生态和人文生态叠合在土地上所形成的产物，景观在全球社会、生态、经济、文化发展中发挥着越来越重要的作用。

二、乡村景观的概念与特征

乡村景观是人与自然相互作用的结果，它包括农业、畜牧业、渔业和水产养殖业、林业、野生植物采集、狩猎以及盐业等用于生产食物或用作其他可再生自然资源的陆地区域和水域，是一种多功能资源，并具有当地特有的历史传承和文化意义。乡村景观是人类遗产的重要组成部分，也是最常见的持续性文化景观之一，研究乡村景观最早从研究文化景观开始。美国地理学家索尔认为"文化景观是附加在自然景观上的人类活动形态"，联合国教科文组织于 1992 年将文化景观定义为一种遗产类型，它是结合了自然和人类的作品，表达了人类与其自然环境之间长期而密切的关系。人类社会农业最早发展的地区即成为文化发源地，也称农业文化景观，可以说文化景观随原始农业出现。西欧地理学家把乡村文化景观扩展到乡村景观，包括文化、经济、社会、人口、自然等诸多因素在乡村地区的反映。在世界上的不同国家和地区，一代代农民、牧民、渔民利用当地特有的土壤、水文、气候等环境条件，创造、发展并延续着一些专门的农业生产技术，形成了独具特色的生态系统、景观环境和文化风俗，创造了丰富多样的乡村景观。

2017年，ICOMOS-IFLA 发布了《关于乡村景观遗产的准则》，参考联合国《世界人权宣言》等文件中提出的"所有人都有权拥有充足、健康和安全的食物和水源"的目标，乡村景观具有重要的维护人类生存和安全的意义；参考《国际古迹遗址保护和修复宪章》、联合国教科文组织《保护世界文化和自然遗产公约》、国际古遗迹遗址理事会《奈良真实性文件》等国际文件的要求，乡村景观具有保护自然资源和乡土文化的重要价值；联系世界自然保护联盟（IUCN）在其管理体系中对第 V 类保护地的努力，乡村景观在农业和生物多样性以及文化和精神价值方面的重要性得到强调；联系联合国粮食及农业组织"全球重要农业文化遗产"（GIAHS）项目，其旨在捍卫非凡的土地利用体系和景观，乡村景观体现了富有国际重要性的农业生物多样性和知识体系。所以，乡村景观包含了乡村物质环境和人文环境中的各个要素，是一个动态的活化系统。从物质层面来看，乡村景观包含了自然山水、生产性土地、植被种植、聚落建筑、交通设施等；从非物质层面来看，乡村景观包含了当地的科学、技术和实践方面的知识、文化和传统，表达了当地居民的身份认同感和归属感，具有文化价值和意义。无论是物质要素还是非物质要素，都反映了人与自然之间的关系，而这种关系又进一步在乡村的社会结构和功能组织方面得到体现。《关于乡村景观遗产的准则》整合了其他宣言与文件中与乡村遗产相关的内容，提出关于乡村景观遗产的相关评判标准与行动指标，针对乡村景观的定义、重要性、面临的威胁与挑战及效益等进行了介绍，指出乡村景观的可持续性并提出了关于乡村景观的行动标准 [7]。

乡村景观最显著的特征就是多样性、半人工半自然和地域差异性。乡村土地利用形式的存在，支持着世界许多地区的生物多样性 [8]；乡村传统文化的保留，支持着世界许多地区的文化多样性。乡村景观"关联自然与文化"，体现了人与环境之间使生物文化多样性得以可持续的互动方式的重要意义。而这种多样性的乡村景观，在很大程度上正是历史进程中各种土地利用方式相互叠加、提炼、更替的结果 [9]，体现了以文化为基础的粮食生产和可再生自然资源使用在全球范围的重要性，体现了自然和文化传统的景观多样性。

第二节 乡村人居环境

乡村是人类聚居环境的三大组成部分之一（人类三大聚居环境一般指"城市人居环境、乡村人居环境、旷野人居环境"），在数千年发展中扮演了重要的角色，是未来人类社会和世界环境发展的关键资源。除了提供食物和原材料外，在长期的人与自然的相互作用下，乡村还形成了多样的景观风貌和社会风土文化。本节从人居环境的视角去认识乡村景观的价值和特征，分析乡村景观与乡村旅游的内在联系。

一、乡村人居环境的构成

人类聚居环境泛指所有人类集聚或居住的生存环境，是建筑、城市、景观园林的综合[10]，包含人类赖以生存的"人居背景元"（生活的、农林的、自然的环境和资源）、人类活动组织的"人居活动元"（人类的生产、生活及游憩行为）和人类空间形态的"人居建设元"（建筑、规划及风景园林）[11]。作为乡村地域范围内与人类聚居活动有关的景观空间，包含了乡村的生活、生产和生态三个层面，并与乡村的社会经济、文化习俗、精神审美密不可分[12]。在人与自然长期的相互作用下，乡村人居环境表现出典型的"三元"构成特征：自然化的"背景元"、乡土化的"活动元"及地域化的"建设元"，并形成独特的自然生态系统和人文生态系统。乡村多样的景观风貌和社会风土文化，不仅具有环境生态价值、社会经济价值、精神文化价值和科学技术价值，也具有重要的游憩价值。

1. 乡村人居背景

乡村人居背景主要包括山林、草原、河流、湖泊等自然生态景观和农田、果园、鱼塘等农林环境。自然因素是乡村景观中最鲜明的组成元素[13]，提供了健康的生态环境、丰富的生物物种和良好的风景园林小气候。而通过农业、渔业、狩猎、畜牧业、林业、野生食物采集和其他资源开采等生产活动产生的农业景观，反映了农耕活动千百年演变积累下来的人地关系，反映了人类和环境的发展历程，不仅具有景观价值，而且具有重要的社会文化价值（图1-1）。

图 1-1　湖南张家界庙岗村乡村人居环境（图片来源：作者自摄）

2. 乡村人居活动

乡村人居活动主要包括在乡村生产活动、生活活动、文化活动以及由此产生的大量具有地域特色的物质和非物质的乡土文化景观。乡村是人类的文化的发源地，乡村人居活动与乡村社会的制度、文化、意识形态紧密相连。一方面，民族文化、宗教信仰、风土人情、传统艺术、民俗节庆等文化活动源远流长，表现出丰富的文化多样性，而这些文化活动发生的场所如祠堂、庙宇、集市等，也成为乡村特有的文化游憩空间。另一方面，由于乡村是生产和生活高度融合的区域，乡村产业间具有高度关联性，所以各种乡村人居活动及其场所也相互重叠和交织，如田间地头、河边埠头、村口晒场，这类生产活动场所同时也是村民约定俗成的休闲游憩空间[14]。乡村居民作为农业生产、知识技艺、传统文化的主体，是人居环境的重要构成要素，有了乡村居民，才有乡村活动的真实和活力，才有乡村文化的形存神传（图 1-2）。

3. 乡村人居建设

乡村人居建设主要包括乡村聚落及道路交通、环境卫生、基础工程等人工设施。乡村聚落景观是乡土建筑、街巷空间、自然环境等物质景观构成的复杂

图 1-2 贵州黔东南丹寨县石桥村的古法造纸（图片来源：作者自摄）

的聚落空间体系，也是村民生活、生产、休憩的场所，是聚落本身对地理环境、气候等自然条件和景观的回应[15]。乡村民居因地制宜，讲究风调雨顺，表达了当地居民对自然美的爱，洋溢出淳朴之美[16]。而乡村园林则是以大自然真山真水等自然材料形成的具有审美价值、高度自然精神境界的环境，"八景""十景""水口"等既具有中国传统园林的审美，又朴素地保留着自然真迹，"虽由天作，宛自人开"[17]（图 1-3）。

图 1-3 安徽呈坎村的水口景观（照片来源：郭晓彤 摄）

二、乡村人居环境分析——以四川阿坝三达古村为例 [18]

三达古村坐落于四川省阿坝藏族羌族自治州黑水县达古冰川风景名胜区内，是安多藏族聚居的聚落村寨，全村总面积 62 319.3 公顷，分为上达古、中达古和下达古三个组，居民共 92 户、424 人。村落为半农业半牧业村，农业以秋淡季蔬菜、豆薯为主，牧业主要养殖牦牛、绵羊等牲畜，主要经济来源依靠牧业。勤劳淳朴的村民在纯净的达古冰山放牧、务农，保持着对山水虔诚的崇拜和热爱 [19]（图 1-4）。

1. 乡村人居背景——高山牧场聚落体系

三达古村所在的达古冰川风景名胜区面积约 210 km²，景区内共有 13 条冰川，是全球海拔最低、面积最大、年纪最轻的冰川，也是离城市最近的冰川。境内多为高山地貌，整体地势西北部高、东南部低，最高海拔 4965 m，最低海拔 2420 m；山坡陡峭坡度多在 30°～50°，沟通谷深切割深度 1000～1500 m。达古河穿过境

图 1-4　位于高山牧场的三达古村聚落（图片来源：阿琳娜 摄）

内并入黑水河，是长江上游岷江水系的水源之一。[20] 地质结构无大断层，但伴有少量泥石流、滑坡等地质现象，会受到四川龙门山地震带和松潘—较场地震带的地震活动影响。区域植被类型主要为高山草甸，自然条件下形成的天然高山牧场促进了三达古村的形成，构成其较独特的高山牧场聚落背景体系。

三达古村聚落主要位于高山地区，海拔 3000 m 左右，高山自然环境与当地藏族村民传统农耕畜牧的生产生活方式相互作用，藏族村民可以依靠山上的牧场与山脚的水系完成基本的生产活动，使村寨得以生存、发展，并延续至今。整个乡村聚落所在区域地形较陡，民居建筑依山脊分布，依势而建、顺坡而下。从平面布局来看，村落依靠高山牧场大环境，山脊四周有草甸环绕，表达了藏族人民对自然山水的尊重和朴素的生态伦理。从垂直结构来看，聚落空间体现出"山—村—田—水"的垂直结构层次：位于村落垂直结构上方的山体牧场以及位于垂直结构下方的田地为村落提供了屏障，它们在庇护村落的同时与水一起，为村落提供基本生存资源。聚落周边主要为高山牧场草甸，高大乔木覆盖较少，聚落外围用于种植而围合的木栅栏与周边环境构成交织肌理。当地藏族居民因地制宜、充分利用山形地势，构成了三达古村整体聚落景观，而聚落的生存与发展也正依赖于此。可见，三达古村聚落人居环境不仅包括传统的民居建筑群，还包括周边的自然山水格局，体现了先人以"以山水为血脉、以草木为毛发、以烟云为神采"的生态营建理念（图 1-5）。[21]

图 1-5 三达古村聚落依山势而建（图片来源：阿琳娜 摄）

2. 乡村人居活动——山水精神空间

三达古村为安多藏族聚居之地，宗教信仰对藏族聚落景观空间的形成具有重要影响，其聚落景观蕴含着朴素的山水崇拜及宗教信仰等精神空间。基于对山神的敬畏以及受到藏传佛教中生态伦理观念的影响和约束，三达古村在村民对自然和生态的自觉维护与和谐共生中，衍生出了寺庙、玛尼堆等景观空间。上达古村在高山地势较高的区域设置有玛尼堆与经幡；中达古村最高处布局了一座小型寺庙，庙内设有转经处，一间小屋用作杂事储物和制作饮食等。寺庙不仅是宗教朝拜的场所，而且在很大程度上承担了三达古村居民的日常社会交往功能，成为村落公共空间的重要组成部分。这样的公共空间承载着当地村民"人神共场"的文化思想，也体现着当地的宗教信仰，是村落重要的精神文化空间（图1-6、图1-7）。

图 1-6 上达古村玛尼堆与经幡（图片来源：阿琳娜 摄）

图 1-7 中达古村新建寺庙中的集会场景（图片来源：阿琳娜 摄）

3. 乡村人居建设——聚落景观要素

在三达古村中，一户人家的民居与其周边的耕种或圈养用地构成了一个基本的聚落景观单元。三层的藏式民居和其外围的小型院落——组合木栅栏围合而成的农地，是满足居民生产生活需求的最小用地单位。相似典型单元的重复和组合成为整个三达古村聚落空间的重要景观模式。村落民居多为三层建筑，底层为圈养牲畜之地；二、三层为主要生活空间，设有佛堂、厨房、卧室等功能空间，阳台承担走廊的功能，厕所一般凸出房屋外挂在建筑两侧。在底层之外，有些人家会有专门的储藏柴火的覆盖空间。民居外部有宗教意义浓厚的建筑装饰，石头与黄土等材料筑起的墙面外有精雕细琢且色彩艳丽的门窗和檐口等；外墙绘有白色宗教式纹，常见"万"字（卍）装饰，意为吉祥万德之所集；彩绘野猪头、奇石、莲花台等图腾，充满浓郁的宗教氛围（图1-8）。

民居周边用木栅栏围合构成的院落空间主要用于居民种植，属于家庭生产空间。院落较为规整，面积一般为20 m² 至30 m²。木栅栏连接或断开，其中的土地上有灌木丛生长或种植着土豆、菜、萝卜等时令蔬菜，满足家庭日常生活之需。居民院落空间依山就势，充分体现了当地居民在集约利用土地、科学适应气候条件等方面的自然生存智慧，也构成了聚落景观重要的组成部分（图1-9）。

从三达古村人居背景、人居活动、人居建设的特点可以明显看到自然风景资源和村落人文景观相辅相依的关系。三达古村聚落的形成与发展同区域环境紧密相连，与民居周围的整体牧场环境不可分割，是达古冰川的自然山水孕育形成了

图 1-8 民居外观及装饰（图片来源：阿琳娜 摄）

图 1-9　中达古村的木栅栏围合院落（图片来源：阿琳娜 摄）

三达古村的聚落景观结构和风貌特征。而出于对自然和山神的崇拜和受藏传佛教世界观的影响，藏族居民普遍在心理上对聚落或者家园的认知一直是包含整个建筑周边自然环境的，认为村落包括草原、山、湖泊、河流等范围[22]。三达古村充分体现了原生态的安多藏族文化和浓郁的民俗风情，村寨的选址、格局、建筑是具有地方价值的藏族居民历史文化和传统生活方式的载体。1935 年至 1936 年，红军长征在阿坝州境内停留达 16 个月之久，其中上达古藏寨也是红色革命的见证地[23]，三达古村也因此成为融合红色文化的独特的民族文化村寨。所以，三达古村的建筑、文化与达古冰川相融相生，独具特色的藏族风情与美丽的自然景观共同构成了乡村人居环境的核心价值。

第三节　乡村景观的游憩价值

一、乡村人居环境与游憩资源

　　随着乡村旅游的迅速发展，乡村景观的游憩价值日益受到人们的关注。乡村景观为何受到人们的喜爱和依恋？它能够从哪些方面满足人们的游憩需求？本节依托上文对乡村人居环境的分析，从乡村人居环境"背景元""活动元""建设元"有机联系、"三元"互动的视角进行研究，结合对乡村游憩产生动机的分析，探讨乡村人居环境游憩资源的构成要素及功能特征。

　　旅游是以游览为目的的旅行，是人们出于各种个人的或社会的动机，离开所居住的环境到另一个地区或国家旅行游览一段时间再返回原居住地的整个过程。旅游的实质是以游客为主体、以旅游资源和旅游设施为客体、通过游客的流动来实现的一种社会经济文化活动，是非定居者的旅行和暂时居留而引起的现象和关系的总和。作为一种社会活动，旅游体现了人与自然、人与社会以及人与人之间的复杂关系。从旅游活动的动因来看，旅游源于人类聚居生存的最原始的需要：觅食和择居。与人类生存密不可分，旅游活动实际上是人类聚居中的一种聚集性内活动，"探索"的欲求长期沉淀于人的行为心理之中，寻求不同于已有的生存环境，对已有的生存环境予以理想化的改造，以及人类心灵对大千世界的永恒的追求：这种"时空强化""时空异化""心灵追求"激发着人们的旅游需求，是旅游活动产生的内在动力[24]。游憩作为"人们在闲暇时间所进行的各种活动"，与人的体力恢复、精神舒缓紧密相关。《韦氏大辞典》将"游憩"定义为"在辛劳之后，使体力和精神得到恢复的行为"，《消遣宪章》（1970 年）提出："消遣和娱乐为弥补当代生活方式中人们的许多要求创造了条件，它通过身体放松、欣赏艺术、科学和大自然，为丰富生活提供了可能性，无论在城市还是乡村，消遣都是重要的。"[25] 可以说，游憩行为对于促进个人的身心健康、幸福生活和整个社会的人际关系和谐、精神文化的发展都具有重要意义。由于人们需求的差异，游憩动机也是一个非常多元、丰富的体系。根据马斯洛需求层次理论，人的需求由低到高可以分为生理的需要、安全的需要、归属与爱的需要、尊重的需要、自我实现的需要五个层次[26]。而根据克兰德的"游憩动机理论",游憩动机包括"逃离城市、享受自然""锻炼身体、保持健康""放松身心""寻求刺激""家庭成员接触"等不同层次的生理和心理需求。可见,从健康到快乐,再到心灵追求,游憩的本质其实是在通过各种休闲、旅游活动,使自己身心恢复到健康快乐的状态[27]。一般认为,旅游和游憩是人类的高级需求,随着生产技术的提高、物质生活的不断丰富以及交通设施、信息获取越来越便利,人们愈发追求生活质量,其休闲游憩的需求日益强烈。从人居环境整体来看,旅游活动尤其是乡村旅游活动本质上满足了人们对于安全、富足、快乐生活的渴望,并将游憩各层次、类型的需求交织在一起、相互联系。

从游憩产生的动机和特征来看,美丽的田园风光、丰富的农业特产、浓郁的乡土文化、独特的民俗风情、多彩的民族特色都是乡村游憩的重要基础。乡村人居背景构成的自然循环的生态网络系统,不仅为人们提供了适宜休闲游憩、康体疗养的自然环境,更重要的是能够为居民和游客提供食物和其他可再生的自然和生物资源,支撑着未来人类生存的适应力和恢复力,人们对乡村人居背景的热爱和依恋反映了人类对生命本源的希冀与渴求——安全、富足、永恒。所以,乡村人居背景不仅反映了传统审美,更被赋予了深刻的精神含义,是人们的精神家园,满足了人们亘古不变的对自然的向往和心灵的追求。如哈尼梯田、浙江青田稻鱼共生系统本身就是全球重要农业文化遗产和乡村文化景观,吸引着人们前来观赏、游憩。乡村人居活动构成的"村民—文化—空间"一体的人文生态系统,凸显了乡土文化的特质,乡村的文化技术、环境知识、传统技艺创造了全球多样化的文化基因,更提供了一种身份认同感,寄托了传统文化的情怀,正所谓"看得见山、望得见水、记得住乡愁"。而乡村人居建设凸显了地方的乡土智慧,对于外来游客具有很强的神秘感。所以,乡村游憩资源贯穿在乡村人居环境的背景、活动、建设之中,乡村游憩空间与自然景观、农业景观、聚落景观叠合交织在一起。

可见,乡村人居环境的特点决定了乡村游憩有其自身的价值构成,这些价值构成与生态价值、美学价值、文化价值共同构成了乡村景观的价值体系。乡村人居背景、乡村人居活动及乡村人居建设,可以满足人们健康的需求、快乐的需求及心灵的追求,从而使乡村人居环境与游憩产生内在的联系,二者具有价值上的叠合、空间上的叠合及功能上的叠合(图1-10)。

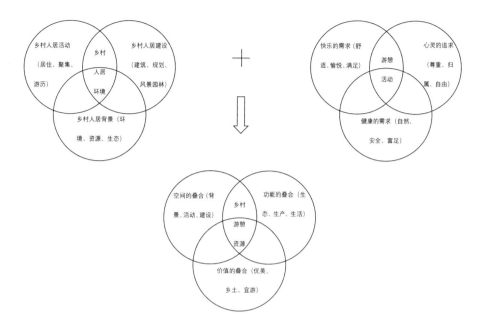

图 1-10　乡村人居环境与景观游憩的关联（图片来源：作者自绘）

二、乡村游憩资源的价值特征 [28]

　　从以上对乡村人居环境要素与游憩特征的分析可以看出，乡村人居的背景、活动、建设在承载了生产功能、生活功能、精神功能的同时，也承载了重要的游憩功能。乡村景观游憩价值与乡村的经济、空间、环境、社会、文化、精神、健康、科学、技术紧密交叉联系在一起。在乡村旅游开发的现实条件下，乡村景观的价值如何保护和利用？乡村景观的特征如何展现和传承？

　　对于乡村旅游资源的分类和评价，目前国家没有统一的规范标准，可以参考《旅游资源分类、调查与评价》和相关乡村旅游资源评价文献，从资源要素价值、资源影响力、环保与安全附加值三个维度出发，构建乡村旅游资源价值评价体系。但很多乡村并没有名山大川、文物古迹，用传统的资源分类和分级标准去评价，似乎乡村景观资源的游憩价值并不高。所以，我们也要反思在乡村旅游规划中如何认识乡村旅游资源的价值。笔者认为，应该从乡村人居环境整体性的视角进行乡村旅游资源的评价，根据乡村景观资源的核心价值特征，重点评价乡村景观的自然性、乡土性和体验性，这"三性"不仅构成了乡村旅游的重要吸引力，也是乡村景观保护和规划的前提和依据。

1. 自然性

　　相较于城市，乡村人居环境背景具有自然性、广阔性和多样性特征，旷奥相宜，人口密度较小，自然生态环境优越，通过一种自然平衡获得永续的土地利用。以农业为主的生产景观、粗放的土地利用景观以及乡村特有的田园文化和田园生活 [29]，不仅反映了乡村景观的视觉美感，而且反映了乡村游憩价值的健康性和可持续性。这种人与自然和谐统一的景观特征，是乡村游憩价值的资源本底，对游客具有强烈的吸引力。乡村景观环境的生态度、丰富度、和谐度等，都可以反映和评价这种自然特性。

　　（1）生态度：包括乡村的森林覆盖率、农田覆盖率、水域类型及面积占比、自然斑块的完整度等，反映了乡村景观顺物之性、复归于朴的"天地之美"。

　　（2）丰富度：包括乡村景观的地貌奇特度、地形起伏度、风景旷奥度、景观多样性等，可以借助地理信息系统进行乡村景观的美感量化 [30]。

　　（3）和谐度：包括乡村景观的格局完整度、风貌协调度、色彩调和度、肌理延续度等，既包括乡村人居建设内部的和谐，也包括人居建设与人居背景之间的和谐，反映了乡村农耕文化形成的特有的空间关系。

2. 乡土性

　　村落是传统文化的发源所在，无论时代如何变迁，人们心中始终有着浓厚的乡土情结。研究表明，对个人最深层情感触动的风景是童年家园景观的记忆，而不是奇异的名山大川 [31]。乡村景观依托的是真实的乡村人居生活，古朴的村庄作坊、自然的劳作形态、真实的民风民俗、土生的乡村特产 [32]，这些具体的乡村生活劳作形态是乡村景观特征识别和气氛感知的窗口。这种真实的乡土感情，不仅反映了乡村人居活动的特征，而且是提升乡村景观游憩价值的内在动力。乡村景观环境的地域度、原真度、传统度等可以反映和评价这种乡土特性。

　　（1）地域度：地域性是乡村景观独特性的源泉，在世界上的不同地区，一代代农民、牧民、渔民利用不同的地理环境、不同的气候条件，创造了不同的土地利用方式，发展了不同的生产耕作技术，塑造了不同的地表景观，形成了独具特色的生态系统、景观环境和文化风俗。如乡村自然环境和乡村聚落的辨识度、文化特征的差异度等，反映了乡村特有的生产生活方式与自然环境相互作用下形成的文化景观风貌。

（2）原真度：真实性体验对游客的感知价值有显著影响，而真实性体验的满意度不仅体现在客观对象的真实性方面，还包括存在的真实性，即景观情境感知的真实性[33]，如饮食、服饰、语言等日常生活的本土性、生产生活场景的真实性、村风民约及社会结构的完整度等，反映了当地居民与自然之间的联结程度。

（3）传统度：乡村景观应完整地表现乡村的自然地理特征和社会文化脉络。包括历史文脉的完整度、民族文化的完整度、民间艺术的传承度（如文学、戏曲、音乐）等，是乡村的生活方式、交往方式的深层次心理结构表达，反映了历史信息的丰富性、深刻性和独特性。

3. 体验性

乡村游憩功能需要一定的环境和空间场所作为载体，人们可以从视觉、听觉、嗅觉、味觉、触觉等各个方面感受到乡村景观的价值，既可以满足游客休闲游憩的需求，也可以更好地解读和展现乡村景观的内涵。有适合游憩的物质环境和接待能力、能提供高品质的游憩体验、能体现乡村人居建设的水平，是提升乡村景观游憩价值的支撑条件。乡村景观环境的舒适度、可达度、宜游度等可以反映和评价这种体验特性。

（1）舒适度：风景园林小气候（温、湿、热等物理指标）、听觉舒适度（声景观）、嗅觉及味觉舒适度（芳香景观）等，可以利用人机环境同步系统等设备对人体景观感知的指标进行测定，反映了乡村环境能够带给人体生理和心理上的舒适度和愉悦度。

（2）可达度：外部交通的可达度、内部交通的合理性，反映了人们获取乡村游憩资源的便利性。

（3）宜游度：乡村的空气质量指数、水体质量指数、垃圾处理率、村落景观整洁度等清洁度，反映了乡村环境的整体卫生质量；乡村的基础设施、接待设施、公共服务设施的完善程度等，反映了乡村旅游的设施承载能力。

从人居环境科学理论的视角，可以较为全面、系统地认识乡村景观游憩价值的构成要素及核心特征，厘清乡村人居环境与游憩价值之间的内在联系，发挥乡村资源的旅游、休闲、教育和文化传播价值（图 1-11）。

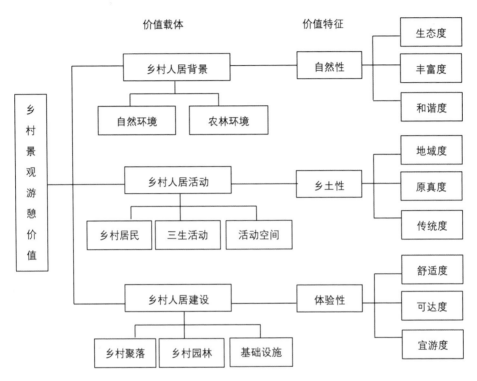

图 1-11　乡村人居环境价值评价体系（图片来源：作者自绘）

三、乡村人居环境的游憩价值分析——以云南红河州元阳县阿者科村为例 [34]

阿者科村位于中国云南省红河州元阳县新街镇，坐落在世界遗产地红河哈尼梯田的核心区、哀牢山的半山腰，海拔 1880 m，村域面积 1.43 km²，是红河哈尼梯田世界遗产地最具代表性的五个村落之一，完整地体现了哈尼梯田的突出普遍价值，因此被包括在遗产地提名要素中。阿者科村是一个哈尼族聚居的传统村落，全村有农户 65 户、乡村人口 429 人 [35]。1300 多年前，哈尼族的祖先迁徙到这里，辽阔的哀牢山区接纳了他们，并给予他们茂密的森林和清洁的水源。哈尼族人民凭借着对自然的尊重和顽强的意志，在这片艰苦的山区创造了系统、和谐的生产生活方式，形成以"江河—森林—村寨—梯田"四素同构为特征的文化景观体系。哈尼族的历史、信仰体系、文化传统、社会合作机制，赋予了红河哈尼梯田以特殊的意义和荣耀。哈尼梯田文化景观的结构、要素和自然文化环境，保存较为完好，1000多年来没有发生根本性的变化，至今仍被视为人类和谐生态系统和良好生活方式的完美典范[36]，呈现出哈尼梯田、传统村落、乡土文化有机联动、相融相生的乡村景观风貌（图1-12）。

图 1-12 阿者科村全貌（图片来源：郑光强 摄）

1. 阿者科村乡村景观的构成

（1）乡村人居背景——梯田农业景观

阿者科村内有梯田面积 0.8 km²，占村域面积的 45%。哈尼梯田的特点在于海拔高、高差大，梯度范围从 10°到 25°，形成奇妙的纹理沿坡分布、散射和伸展在山的周围。红河、藤条江水系的支流流经村落，山上有森林 0.4 km²，茂密的森林涵养了巨量水分，山上挖筑了水沟干渠，全长 5 km，梯田随山势地形变化，山水四季长流、梯田长年饱水，保证了稻谷的发育生长和丰收，从而形成"林养田、田育林"的生态物质能量循环格局 [37]（图1-13）。

图 1-13　哈尼梯田景观（图片来源：http://whc.unesco.org/en/documents/123256）

（2）乡村人居活动——哈尼乡土文化

数百年来，哈尼人在这片土地上繁衍生息、在与大自然互动演进的过程中，创造了原始农业生态循环系统，而独特的历史传统、信仰体系、社会合作机制更赋予了其神秘、荣耀的文化意义 [38]。阿者科的乡土文化神奇多彩，火塘文化、分水制度等村规民约和乡风民俗流传至今，祭护寨神、拜龙求雨的昂玛突节、杀牛祭祀、摔跤跳鼓舞的矻扎扎节、舂糯米粑、篝火晚会的十月年节等民族文化和祭祀活动寄托了当地人的情感 [39]，还有以乡土建筑工艺、服饰制作和刺绣为代表的传统手工艺等，村民至今仍喜欢穿着传统服饰进行日常的劳作生活。哈尼族没有文字，文化依然以口传为主。这些乡土文化古老、灿烂、神秘，蕴藏着阿者科乡村景观的骨血（图1-14）。

图 1-14　哈尼族传统服饰（图片来源：http://whc.unesco.org/en/documents/123256）

（3）乡村人居建设——传统聚落景观

阿者科是为数不多的、现今保留较为完整的哈尼族传统村落，民居以蘑菇房为主要特征，村中现有蘑菇房 67 座、集中连片分布，最早的建造于 1855 年。蘑菇房平面呈方形，由土基墙、竹木架和茅草顶组成，屋顶为四个斜坡面，脊短坡陡、状如蘑菇，房屋中间设有一个常年烟火不断的火塘。古歌和仪式见证了哈尼族人在建造蘑菇房时的选址、建设程序、规则等祖先留下的智慧。5 口水井和 2 个水碓房是重要的公共交往空间，水井保存较完整，水碓房分别位于村寨核心区大青树旁和村寨下方的磨秋场旁，村民共用水碓、谷风机等工具进行粮食加工。古树、古井、竹林、寨门、蘑菇房、寨神林、磨秋场、水碓房，构成了阿者科的人文环境要素和独特的村落景观风貌。

2. 阿者科村村游憩资源的价值特征

2013 年哈尼梯田申遗成功后，阿者科村旅游业迅速发展，短时间内游客大量涌入，其自然环境、传统民居、乡土文化都在不同程度上受到外界的冲击，遗产地的突出普遍价值受到破坏。在遗产旅游发展的过程中，要保护、传承、发展阿者科村作为"哈尼梯田世界遗产地内保留最为完整的传统哈尼族村落"的价值，其核心就是保护乡村景观的自然性和乡土性、提升乡村景观的体验性，获得乡村景观保护与遗产旅游的可持续发展。

（1）自然性

"阿者科"在哈尼语里代表"茂盛的森林"，隐匿于哀牢山深处，田园、村庄、森林、云雾环绕的仙境式景观，正是乡村景观的审美意象表达。阿者科村的森林和梯田占村域面积的 68%，具有优越的自然环境背景。哈尼族人因地制宜、随山势地形变化垦殖梯田，发明了复杂的渠道系统，将沟水分渠引入田中进行灌溉，并通过水牛、黄牛、鸭、鱼的养殖和红米的种植，建立了一个综合生产系统。这不仅是一个人与自然高度和谐的、可持续的农业生态系统，更彰显了哈尼族人的生态智慧和社会宗教特征，正是这个完整的具有非常高的景观丰富度和和谐度的社会—经济—自然复合生态系统，使游客感受到了人类与自然、生态与文化、技术与艺术的完美结合。

（2）乡土性

阿者科村是哈尼地域文化的缩影，梯田和蘑菇房已经成为阿者科村的符号性表达。千百年来，哈尼族人民顺应自然、适应自然、改造自然，保持了本土文化的强烈特征。哈尼梯田稻作文化具有完整的冲肥系统、发酵系统和梯田运输系统，其风车、筛子、水碓、水碾、石磨等生产生活景观延续至今。现在，村民仍喜欢穿着传统服饰、说着哈尼族语言，保留着人耕牛犁的原始耕作方式。阿者科古朴的民居院落、原始的劳作形态、真实的民风民俗、土生的乡村特产[40]，形成真实的乡村景观识别特征和感知氛围，具有强烈的景观地域度、原真度和传统度。

（3）体验性

阿者科村的梯田景观、传统村落和乡土文化可进入、可观赏、可游览、可体验，通过旅游设施和解说系统的合理设计，可以使游客全面理解阿者科村作为哈尼梯田世界遗产地内的传统村落在自然、科学、文化、艺术、技术等方面的特征和价值，但目前游览方式单一，体验性价值没有得到科学的利用。

根据阿者科村乡村景观的价值特征，未来其乡村旅游的发展不应是以追求游客数量增长为目标的粗放型发展，而应通过对其乡村景观价值的深度解读和展现获得游客的情感认同。可以从"哈尼梯田遗产价值的保护及展现""传统村落的活态保护及价值更新""哈尼传统文化价值的保护和传承"三个方面展开，如通过体验性旅游活动减少对生态环境的影响；进行蘑菇房的维修改善和功能注入，优化提升村落景观环境、营造哈尼文化活动空间；引导村民开发哈尼文化旅游产品等。游客理解、珍视、保护乡村景观的自然性、乡土性和可持续性，避免旅游行为对乡村景观生态环境造成破坏（图1-15、图1-16）。

图1-15　哈尼族蘑菇房（图片来源：作者自摄）　　图1-16　哈尼族水井（图片来源：作者自摄）

第四节　案例分析：福建邵武高峰村乡村景观与旅游资源分析

高峰村位于福建省邵武市，地处福建省西北部、武夷山南麓、闽江支流富屯溪中上游，村落面积 29.6 km²，平均海拔 480 m，境内最高的扁担山海拔高达 780 m，其中耕地（含基本农田）面积 3.03 km²，林地面积 22.12 km²，园地面积 1.73 km²。高峰村位于高山盆地，冬无严寒，夏无酷暑，年平均气温 18℃，最冷 1 月，平均气温 7.3℃；最热 7 月，平均气温 27.8℃，年降水量 1802 mm，2011 年被授予福建省生态文明村、2019 年评为福建省乡村振兴示范村。

一、自然资源特色

高峰村山清水秀，林木茂盛，景色自然淳朴，山水旅游资源得天独厚。扁担山、朝阳岭等山和白璧溪等溪流水系围绕着龚源、桥头、白璧、东堡几个自然村，山水格局完整，形成天然的山水村舍景观带。

（1）山深林美：高峰村是个典型的林业村，周边层峦叠嶂，天然阔叶林覆盖率高达 82.3%，高山丘陵森林生态体系完整，珍稀树种有香果树、银杏、柳杉、云南松、红豆杉、八角茴、乌冈栎、南方铁杉、鹅掌楸、钟萼木、天女花、水松、香榧等。古树名木众多，村内有一棵树龄 900 余年的古樟树。九龙瀑布上游的扁担山海拔 780 m，并有祥云庵、试心石、仙鱼塘、歇脚石等名胜古迹。

（2）溪流瀑布：高峰村作为武夷温泉的源头，溪谷众多、山间淙淙、水质清澈。温泉水透明、爽滑，富含氯化钠、偏硅酸、硫、铁等 40 多种有益人体健康的矿物质元素，对美容、美体、养颜、延缓衰老有特殊效果，具有极高的医疗保健价值。

（3）膏腴之地：高峰村地处高山盆地，全年温和湿润，降水量多、湿度大、雾日长，适宜种植瓜果、药草、茶树等植被。高峰村农业物产资源丰富，如红米稻谷、杨梅、黄花梨、板栗、百香果等；出产许多营养价值高的食用真菌，如香菇、平菇、银耳、红菇、木耳等。茶园、种植园、渔场提供了条件较好的农业体验旅游资源。高峰村田园风光优美，具有农业体验旅游的基础（图1-17—图1-19）。

图 1-17　高峰村田园风光（图片来源：作者自摄）

图 1-18　高峰村茶山景观（图片来源：作者自摄）　图 1-19　高峰村聚落环境（图片来源：陈语娴 摄）

二、人文资源特色

高峰村自秦代开始便有村民安居，先后有唐建安令龚肃、南宋守将龚邱、太平天国翼王石达开等历史文化名人定居、驻扎于此，有着深厚的书院文化底蕴，留下了极具特色的进士古樟、聪明泉、龚源书院、武术学堂、大王庙、祥云庵等历史文化遗产，产生了丰富多彩的民俗活动。当地民风淳朴，民俗浓郁，人文气息浓厚，文化源远流长。

（1）寒耕暑耘，精耕细作的山耕文化：高峰村地处高山盆地，气候宜人，山地农业发达，山耕文化特征显著。当地气候、茶树品质与武夷山类似，是邵武重要的茶叶产地；竹类资源丰富，竹制纸业发达；盛产红米稻谷、百香果等农产品。

（2）阡陌交通，屋舍俨然的村落风貌：高峰境内峰峦叠嶂，林木横斜，当地民居聚落依山傍水而建，东堡、白壁、桥头、龚源等村的民居巷弄、知青宿舍楼保存完好。集庆寺、祥云庵、大王庙等宗教信仰建筑和本地特色的传统民居，保留了一些当地古建的特征，具有独特的魅力。

（3）古朴淳厚、崇尚传统的民俗风韵：闽北地区自古注重文教，龚源书院、武术学堂等历史文化遗产进一步强调了高峰尊师重教的文化传统。既有春社、大王诞辰巡游等当地特色民俗活动，又兼容佛道文化。如每年4月的"春社"时节，"家家做包糍，户户酒飘香"，包糍是一种邵武特色小吃，当地春分前后"春社"活动期间的社饭，制作包糍往往需要多人配合；8月的大王庙祭典、9月的空中祖师诞辰纪念活动，都是高峰村重要的民俗活动（图1-20、图1-21）。

图1-20 聪明泉与进士古樟（图片来源：作者自摄）　图1-21 高峰村村民在包糍（图片来源：作者自摄）

三、聚落景观特色

高峰村有白壁、龚源、桥头、东堡、徐墩几个居民点，保留了较多具有本地特征的传统村落建筑。白壁村民聚落较为集中、面积较大，民居风貌保存相对完好，近20年间新建建筑只有8栋。东堡乡村聚落肌理清晰完整，民居建筑维护状况良好，村落活力较高。龚源民居建筑群极具闽西北乡土特色，但个别民居建筑维护状况较差，空置率高，村落活力较低；聪明泉、进士古樟、古官道遗址等传统人文景观保留较为完好（图1-22、图1-23）。

村落	位置	肌理	建筑、开放空间、农林景观		风貌特色
徐墩					• 盛产泉水鱼 • 高峰重要茶园之一 • 太上老君庙观——集庆寺
白壁					• 香江茶厂所在地 • 高峰行政中心，人口数量最多的村落，民居保存完好，景色优美 • 特色民风民俗——大王庙大王巡游活动
东堡					• 高峰农场废弃知青楼、民居街巷保存完好 • 唐末寺庙祥云庙是俯瞰东堡景色的绝佳观景点 • 水系与瀑布林连通
桥头					• 特色种植业（薄壳山核桃、猕猴桃种植基地） • 香江茶厂千亩茶园 • 民居、街巷、院落风貌保存完好
龚源					• 著名景点——聪明泉、千年樟树、古官道遗址 • 特色民风民俗——春社 • 出产原生态鸡蛋等农副产品

图 1-22　高峰村乡村聚落风貌特征（图片来源：陈语娴 等 绘）

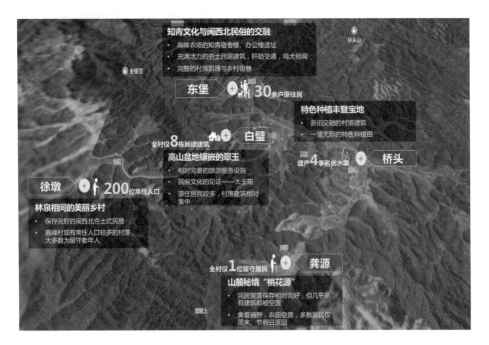

图 1-23　高峰村乡村聚落分布（图片来源：陈语娴 等 绘）

四、乡村旅游资源评价

　　在梳理整合村落自然和人文资源的基础上，构建高峰村旅游资源价值评价体系，根据乡村资源的特色，对其旅游资源禀赋及发展潜力进行一个客观、全面的评价。高峰村乡村旅游资源共包括 7 个主类、13 个亚类，47 个资源单体。按照传统的旅游资源评价标准，高峰村并无高品质评级的乡村景观，缺乏传统意义上较为"优质"的旅游资源，规划范围内没有三级以上旅游资源，有二级旅游资源 12 个、一级旅游资源 35 个，资源等级总体不高。但从乡村人居环境的整体角度来看，高峰村的乡村旅游资源数量丰富、类型全面，包含了自然、人文、农业等多类型的乡村旅游资源单体。高峰村呈现出山、水、田、居的乡村景观风貌，其"二水六山"的山水格局、原始质朴的自然乡野、清新宜人的山间生境、丰富的农业景观资源，使乡村景观特征得以较好的保留；虽没有历史保护建筑，却凸显了极具地域特征的民居风貌，民俗节庆与特色饮食也体现了当地淳朴的民风，具有很大的开发潜力。可以用"乡野之美、风土之淳"来概括高峰村乡村景观的游憩特征（图 1-24、图 1-25）。

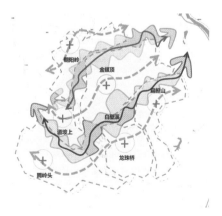

图 1-24　高峰村旅游资源分类布局图（图片来源：陈语娴 等 绘）

图 1-25　高峰村乡村景观结构（图片来源：陈语娴 等 绘）

五、高峰村乡村旅游发展的定位

根据高峰村景观资源的游憩特征，规划关注自然生态乡野，以山水秀丽、风土淳朴的乡村资源为依托，发展形成集乡野观光、农产休闲、山水康养、耕读体验于一体的旅游产品体系；打造以"原真乡野、山水入画，耕读悠居、田园可诗"为特色的福建省旅游乡村振兴示范村，活化自然村落，活态文化传承。

规划定位："耕读田园，云端高峰"

山水田园——云游乡野新去处

耕耘修养——游娱体验新焦点

科技智慧——产业发展新高峰

田园：高峰村的本质是乡村，基底是田园；依托优势自然基底发展出的特色种植园、农业园，也是高峰村的核心竞争优势之一。

耕读："耕耘"与"修习"是对于高峰村旅游项目特色主题——智慧农业与康养休闲的概括，也是对于一种回归田园、修身养性的游憩与生活方式的倡导，是对乡土生活文化的一种总结。

云端："云"是对本地云雾缭绕、高峰入云的气候和地理特征的描述，同时也是对提倡引进的智慧产业技术的概括；此外，"云端高峰"也是对高峰村发展的愿景设想：为游客提供云峰之上的原真自然体验和自我提升、登临精神高地的优质游憩项目，打造乡村旅游的新地标（图1-26、图1-27）。

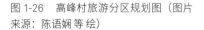

图 1-26　高峰村旅游分区规划图（图片来源：陈语娴 等绘）

图 1-27　高峰村乡村旅游项目规划图（图片来源：陈语娴 等绘）

参考文献

[1] WORLD HERITAGE CENTRE. The Operational Guidelines for the Implementation of the World Heritage Convention[EB/OL].(2016-7-5)[2021-03-11]. http://whc. unesco.org/en/guidelines/.

[2] 珍妮·列依, 韩锋. 乡村景观 [J]. 中国园林 .2012,8(5):19-21.

[3] 肖笃宁, 钟林生. 景观分类与评价的生态原则 [J]. 应用生态学报 ,1998(2):217-221.

[4] 郭巍. 美国景观规划历程 (1880—1940)[J]. 风景园林 ,2008(2):79-83.

[5] 肖笃宁. 景观生态学的理论、方法和应用 [M]. 北京 : 中国林业出版社 ,1991.

[6] 张惠远. 景观规划 : 概念、起源与发展 [J]. 应用生态学报 ,1999(3):118-123.

[7] 莱奥内拉·斯卡佐西, 王溪, 李璟昱. 国际古迹遗址理事会《关于乡村景观遗产的准则》(2017) 产生的语境与概念解读 [J]. 中国园林 ,2018,34(11):5-9.

[8] TAYLOR K, LENNON J. Cultural landscapes: a bridge between culture and nature[J]. International journal of heritage studies, 2011, 17(6): 537-554.

[9] PLIENINGER T, HÖCHTL F, SPEK T. Traditional land-use and nature conservation in European rural landscapes[J]. Environmental science & policy, 2006, 9(4): 317-321.

[10] 刘滨谊. 人类聚居环境学引论 [J]. 城市规划汇刊 ,1996(4):5-11,65.

[11] 刘滨谊, 等. 人居环境研究方法论与应用 [M]. 北京 : 中国建筑工业出版社 ,2016.

[12] 刘滨谊, 陈威. 关于中国目前乡村景观规划与建设的思考 [J]. 小城镇建设 .2005,(9):45-47.

[13] 单霁翔. 乡村类文化景观遗产保护的探索与实践 [J]. 中国名城 ,2010(4):4-11.

[14] 李京生. 乡村规划原理 [M]. 北京 : 中国建筑工业出版社 ,2018.

[15] 黄研, 闫杰, 田海宁. 中国古典园林美学视角下传统聚落景观研究 [J]. 四川建筑科学研究 ,2014,40(6):178-180.

[16] 陈志华. 关于楠溪江古村落保护问题的信 [J]. 建筑学报 ,2001(11):52-53.

[17] 刘滨谊, 陈威. 中国乡村景观园林初探 [J]. 城市规划汇刊 ,2000(6):66-68.

[18] 张琳, 阿琳娜, 郑文俊. 基于景村协同的藏族聚落景观再生与发展 [J]. 中国城市林业 ,2021,19(5):6.

[19] 四川省人民政府. 阿坝州精品旅游村寨之黑水县三达古村 [EB/OL].(2011-3-31)[2021-03-20]. www.sc.gov.cn/10462/10749/10750/2011/3/31/10155999.shtml.

[20] 黑水县政府办. 黑水县芦花镇三达古村精品旅游村寨规划 [EB/OL].(2012-10-01)[2021-03-20]. http://www.abazhou.gov.cn/ztjs/sbgc/jsghsbgc/jplyczsbgc1/hssbgc1/201210/t20121013_654822.html.

[21] 刘沛林. 古村落——独特的人居文化空间 [J]. 人文地理 ,1998(1):38-41.

[22] 张雪梅,陈昌文.藏族传统聚落形态与藏传佛教的世界观 [J].宗教学研究,2007(2):201-206.

[23] 达古冰川风景名胜区管理局.上达古藏寨 [EB/OL].(2012-11-09)[2021-03-20].https://www.dgbc.cn/zhuanti/Folkcustom/.

[24] 刘滨谊,现代景规划观设计 [M].南京:东南大学出版社,2010.

[25] 马惠娣.休闲:人类美丽的精神家园 [M].北京:中国经济出版社,2004:64.

[26] 马斯洛.动机与人格 [M].许金声,译.北京:华夏出版社,1987:113-117.

[27] 王珏.人居环境视野中的游憩理论与发展战略研究 [M].北京:中国建筑工业出版社,2009.

[28] 张琳,马椿栋.基于人居环境三元理论的乡村景观游憩价值研究 [J].中国园林,2019,35(9):25-29.

[29] 王云才,刘滨谊.论中国乡村景观及乡村景观规划 [J].中国园林,2003,19(1):55-58.

[30] 刘滨谊.风景园林主观感受的客观表出——风景园林视觉感受量化评价的客观信息转译原理 [J].中国园林,2015,31(7):6-9.

[31] 林箐.乡村景观的价值与可持续发展途径 [J].风景园林,2016(8):27-37.

[32] 彭一刚.传统村镇聚落景观分析 [M].北京:中国建筑工业出版社,1992.

[33] LEE S, PHAU I, HUGHES M, et al. Heritage tourism in Singapore Chinatown: a perceived value approach to authenticity and satisfaction[J]. Journal of Travel & Tourism Marketing, 2016, 33(7): 981-998.

[34] 张琳.旅游视角下的乡村景观特征及规划思考——以云南元阳阿者科村为例 [J].风景园林,2017(5):87-93.

[35] 昆明本土建筑设计研究院,昆明理工大学建筑与城市规划学院.元阳阿者科传统村落保护发展规划(2014 — 2030) [Z].2015,4.

[36] UNESCO. World Heritage Convention Cultural Heritage Nominated by People's Republic of China, Cultural Landscape of Honghe Hani Rice Terraces, State Administration of Cultural Heritage of People's Republic of China[EB/OL].[2021-05-15]. http://whc.unesco.org/uploads/nominations/1111.pdf.

[37] 上海同济规划设计研究院.元阳旅游发展总体规划(2013—2030) [Z].2013,6.

[38] UNESCO. Recommendation concerning the safeguarding of the beauty and character of landscapes and sites[EB/OL].(1962-12-11)[2021-05-15]. http://portal.unesco.org/en/ev.php-URL_ID=13067&URL_DO=DO_TOPIC&URL_SECTION=201.html.

[39] 元阳县政府.中国传统村落档案—云南省红河州元阳县新街镇阿者科村 [Z],2015.

[40] 李飞.基于乡村文化景观二元属性的保护模式研究 [J].地域研究与开发,2011,30(4):85-88.

第二章
旅游发展下的乡村景观价值感知机制

第一节 乡村景观情境 / 第二节 乡村景观物理情境的感知 / 第三节 乡村景观心理情境的感知 / 第四节 乡村景观行为情境的感知 / 第五节 案例分析：四川阿坝理县桃坪羌寨游客行为偏好分析

上一章从乡村人居环境的角度分析了乡村景观的构成、价值和特征，论证了乡村景观具有重要的游憩价值。那么在乡村旅游的发展过程中，乡村景观的这些价值和特征是如何表达和传递的呢？游客以及本地村民是否意识到了乡村景观的价值？本章从乡村景观情境的物理情境、心理情境、行为情境三个层面展开，分析旅游发展下村民和游客对乡村景观价值的感知机制。

第一节　乡村景观情境

一、景观情境

情境是指"一个人在进行某种行动时所处的特殊背景，包括机体本身和外界环境因素"（《辞海》）。与"情景"相比，"情境"蕴含着在场所意象中相互交织的因素及其相互之间的关系，有着主客体之间的互动影响，是一个描述相对环境条件的概念，相同的事物在不同的境况下对行为主体也会产生的不同影响。景观情境指由各种自然要素和人文要素组合而成的整体环境氛围在与人的心理感受及行为偏好相互作用后，展现的人与自然化思考方式之间所建立的整体共鸣，既包含了场地的外在的景观景象，也包含了内在场所精神。景观情境所记录的不仅是直接视觉所反映的景观，更是来自多种感官体验的景观感知，是具有精神感悟的场景，个体在接触景观环境后产生感知，由景生情、情景交融，强调了景观主客体之间的互动性和景观体验的时效性[1]。

中国传统文化往往重"写意"，"意"是虚实结合的产物，通过内在感知，将现实的意向升华为向往的意境。国学大师王国维曾在《人间词话》中指出："境非独谓景物也……故能写真景物，真感情者，谓之有境界，否则谓之无境界。"景观情境既包含了场地的外在的景观景象，也包含了内在场所精神，更与当事人所处的空间环境所带来的心理感受密切相关。郭熙在《林泉高致·山水训》中写道："世之笃论，谓山水有可行者，有可望者，有可游者，有可居者"，"山水"即景观，"可行可望可游可居"即是在这一景观情境下引发的行为。在自然氛围浓厚的景观情境中，可能激起人探索自然的行为；在文化氛围浓厚的景观情境中，可能激起人对历史的求知；在地域性的生产生活景观情境中，可能激起人们尝试和体验别样生活方式的欲望。

冯纪忠先生将对园林的理解归纳为形、情、理、神、意五个层面，体现出景观感知由客体到主体，从抽象到具体的过程，更注重主观感受与客观环境相融合的审美感知研究[2]。"形"即目之所瞩的景色景象，"情"即是身之所处的情形环境，"理"即景观组合背后的逻辑与序列，"神"与"意"皆是意象风情，是心之所思与意之所为。而"境"是意象的叠加组合，之状之声是"物境"，是人获得的最直观的信息；神是"情境"，是人在氛围环境中获得的感受；心是"意境"，是人的所思对于前两者所得的再创造[3]。刘滨谊以柳宗元的"景分旷奥"为基础，提出了中国风景旷奥空间评价的基本层面，即认为存在着风景空间的物境、情境、意境的感受过程与生理、心理、精神感受相对应的3个层面的风景主客体空间（主客体思想为认识论的基本体系），分别为"风景直觉空间""风景知觉空间"和"风景意向空间"：第一层面即风景园林直觉空间，此层面源于生活，是审美境界的初级阶段，其获得的是一般快乐，是一种表形的世俗审美图式；第二层面的空间为风景园林知觉空间，求"物"之"美"，指一切超越直觉感受而经心理作用所构成的主客体空间，这一层面是求"心理"之"善"，是情感交融的表象审美图式；第三层面为风景意向空间，是求"精神"之真，"真"，回到物之真、人之真，就是自然地发挥其本性，自然而然，达到道家之"无为"，是表意的艺术审美图式[4]。谢彦君认为个体心理和行为产生影响的整体景观环境可以构成景观情境，直接反映了人与景观之间的认知方式[5]。杨开开对不同领域的情境理解进行了阐述，解释了景观情境的外在空间环境和内在情感想象的两层内涵，对比总结出景观情境和空间性、时间性、自然性、认知性等特点。

由于景观存在一定的动态变化，更强调所处空间中的限定场景，空间序列的表达也具有叙事性[6]，因此景观情境也是一个偏向动态的过程，它是实际的景观元素、空间表达与体验者体验过程所形成的整体综合环境。所以，物质环境对人行为的影响并不是单向的，人的行为对景观情境的影响更为直接，作为使用景观空间环境的主体，其行为是环境功能的体现，不同功能有着不同的景观情境。例如同里的"三桥"，如果只是使用者安静地穿过或稍作停留，景观情境显然是体现祥和平静氛围的日常生活空间，但在婚礼仪式等特殊时间，热闹的"走三桥"活动则将其景观情境转化为吉庆欢乐的节庆空间。

二、景观感知

感知是指人的主观意识对内外界信息的觉察、感觉、注意、知觉的一系列过程。感知可分为感觉过程和知觉过程。感觉过程是知觉过程的基础，是人脑对于外界环境直接作用于人体各类感受器官后产生的反应，是对外界刺激的信息接收；知觉过程则是一个将客观刺激转化为主观认知的过程。不同的主体之所以对相同外界的感知不同，一方面缘于主体接受客观信息的强弱程度有差别，另一方面缘于主体脑海中的记忆、想象、知识背景存在差异，在与客体的匹配结合的同时，也就造成了感知的主观性。

景观感知理论从环境心理学的研究中发展而来，研究人与客观环境的相互作用，以及人对景观环境的感知、满意程度和偏好，更强调人与客观环境的相互作用 [7]。景观感知综合性地运用了多种感官，既包括对植被、水体、构筑物等景观要素单体的感知，也包含对结构、序列等景观要素空间的感知，更是对各种要素融合形成的环境氛围与情境的感知，是一种空间与时间交织的丰富体验，与人们的心理感受、情感认同关系密切，并产生思考、情感与价值态度等，具有复杂性和整体性。

对于景观感知的研究集中于景观评价领域，目的在于从不同的感知层面量化景观的价值，从而判断人对环境的满意程度或人们偏好哪一种环境。总体来看，关于景观感知方面的研究成果较为丰富：从评价理论来看，景观心理物理学派把"风景—审美"的关系看作是"刺激—反应"的关系，通过制定"风景—美景度"关系的量表同风景要素之间建立定量化的关系模型——风景质量估测模型；认知学派把风景作为人的认识空间和生活空间来理解，主张从人的生存需要和功能需要出发来评价风景（景观／生活环境）；景观偏好研究（LPS）以人的感知为基础研究如何定量化景观的价值，广泛应用于景观特征与主体感受之间的关系研究，用以评估不同类型的景观感知，如植被景观、森林景观、农业景观、公园景观、乡村景观、河流景观等，并表明景观偏好具有不同的地域差异、专家和外行之间的差异等 [8,9]。

动态性理论、情景性理论、层次性理论等研究内容的不断深化，极大地促进了感知价值的研究。有学者从环境心理学出发研究景观感知，如凯文·林奇（Kevin Lynch）的《城市意象》通过心理学和行为学对意象的研究，探讨人对外部环境的基本反应 [10]。阿普拉顿（Jay Appleton）的"瞭望—庇护"理论将景观感知建立在部分生物学基础上。从美学角度出发，对景观的审美方式及审美经验进行景观感知探索，如史蒂文·C. 布拉萨（Steven C. Bourassa）认为，景观要求一种日常经验的美学，更精确地说是一种参与的美学，人类对景观的感知，是主体与客

体之间的交互作用 [11]；刘滨谊从审美的角度探讨动态多空间客观环境与人们主观感受之间的联系 [12]。从哲学和历史文化的角度出发，考察对不同文化的景观审美方式和表现方式的景观感知，如诺伯舒兹（Christian Norherg-Schulz）在《场所精神》中将环境放在真实的生活世界中，从场所的结构和场所的精神两方面对场所的景观感知进行讨论 [13]；俞孔坚在《景观：文化、生态与感知》中探讨了中国人的景观感知和审美心理 [14]。还有学者从人体生理感受角度出发，研究了人体对风景园林小气候环境舒适度的感知，如刘滨谊等通过对城市绿色空间、居住区、广场等景观环境风、湿、热等物理指标的测定，提出改善人体热舒适度感受的风景园林小气候适应性设计理论和方法 [15-17]。

在景观感受分析评价的方法和技术方面，呈现出从静态到动态、从单一感官到多感官、从定性描述到定量测定、从主观感受到客观表述的发展脉络。从实验媒介来看，大多数早期研究中，照片一直是感受分析的媒介，作为现实景观的替代品，照片的景观偏爱评估相对最为接近景观的直观感受，这种方法至今仍被广泛应用 [18]。20 世纪 80 年代，刘滨谊将航空航天遥感技术和电脑景观处理技术应用到景观视觉环境研究中，以景观视觉模拟为核心，借助计算机、遥感和信息系统技术，对风景环境感受信息进行集取、转译、评价，在国际范围首次提出了一种包括风景美感在内的风景环境与感受信息的数字模拟方法，建立了一个风景客观环境与风景主观感受相叠合的模拟框架并应用于实践 [19]。近年来，利用 2D、3D 技术进行风景园林要素模拟的方法受到关注，利用二维影像技术进行风景园林感知的测定被广泛应用且证明有效。在此基础上，一些相关研究也将三维 GIS 技术应用到视觉景感感受分析中，将三维虚拟景观模型运用到视觉景观评估研究中 [20]，如威廉（William C. Sullivan）及其团队运用 3D 影像技术模拟了不同乔木覆盖密度的城市街道景观，测定了树木覆盖密度对降低个体压力的影响 [21]。从实验指标来看，对风景园林感受心理指标的测定以问卷调研为主要手段，如通过 VAS 视觉模拟评估量表、POMS（profile of mood states）个人情绪量表等，进行景观心理感受数据的采集和分析。近年来，随着风景园林学与心理学、行为学、医学、计算机视觉中的注意机制前沿研究成果的交叉 [22]，对风景园林感受生理指标的测定逐渐发展，运用眼动仪、皮电传感器、精神压力分析仪、生物反馈中间系统等仪器设备，可以捕捉在不同景观要素下人体温度、皮电、心率、皮质醇、血容积脉波等生理指标的变化，以测定景观要素对人体压力水平的影响 [23]。如对风景园林小气候物理生理指标进行实测和分析 [24]，通过生理测试技术（脑电、心电、皮电）来测定人对于特定风景区的反应和评价，克服语言表达对风景评价结果可能带来的误差。最近有研究利用核磁共振测量不同景观特征下人体脑部神经数据，通过大脑活动强度的变化获取对景观环境的认知反应。

三、乡村景观情境的构成

与城市景观不同，乡村保存了相对完整的景观格局，景观破碎化程度较低，具有较强的地域特征和文化精神，相对于城市景观，其识别性更强，对于景观情境的真实性保留更容易形成鲜明的景观印象感知，更容易引起人的情感生发，形成由景生情、情景交融的互动氛围。景观情境是乡村景观的核心，由自然景观、农业景观、聚落景观、乡土文化组合而成的乡村整体环境和氛围，与人的心理感受及行为偏好密切相关，展现了历史发展过程中一种和谐的人地关系及强烈的地域特征和文化精神，景观主体行为与意识参与的时空交互是中国传统村落景观情境的特质 [25]。

由于乡村景观是生活、生产、文化等功能交织的产物，空间多为复合性功能空间，文化与自然碰撞的精神特质所营造出的氛围与环境，使得乡村景观情境也更加丰富和多元化，特征也更为明显。李渭认为所谓"情"，是指原生态的生活气息和文化氛围，即文化环境与社会环境；所谓"境"，是指原生态的自然环境和人工环境，即体型环境 [26]。面对恬淡雅致的乡土景观，有时可以使人置身"世外"，体会陶渊明彼时的悠然心境；面对"小桥、流水、人家"，有时唤起温暖典雅的江南情怀。所以，景观情境是连接景观客体与主体的桥梁，在一定程度上影响了人对客观景物的心理、生理感受，也影响了人在这一环境中的行为意识。从景观情景的角度可以加强对乡村自然与人文相融相生的景观特质的理解，加强对其景观原真性与真实性的认同感，促进文化的传承和乡村的可持续化发展。研究认为，乡村景观的"情境"包括景观物理情境—景观心理情境—景观行为情境三个层次。

（1）乡村景观物理情境（形）：具体可见的物质性环境，包括自然景观、农业景观、聚落景观等自然和人文景观要素。自然景观要素如地形地貌、水体山石、植被等，人文景观要素如古民居建筑、寺庙宗祠、街巷空间、石桥河埠、文物古迹及其文化艺术形态，体现着当地人因地制宜的生活生产智慧。

（2）乡村景观心理情境（情）：一种概念性情境，是禀赋于景观中的文化意识、民风民情、地域氛围，是融合乡土文化而成的整体环境。乡村景观作为一种特定自然环境条件与文化背景形成的人类聚居聚落，其环境融入了更多的人文情怀和生活气息。心理情境具有强烈的景观感受的时空交互性，表现为地域风貌景观、民风民俗景观、街市旧情景观、闲淡生活景观等。不同的乡村聚落聚居模式源于相异的社会构成关系，形成不同的民俗传统文化和生活生产方式，因此不同的乡村所呈现出的氛围也不尽相同。如江南乡村临水而建，往往营造出熙攘热闹的氛围；黄土高坡上院落高低起伏，则展现出秩序井然的厚重与沉稳气质等。

（3）乡村景观行为情境（意）：是对景观主体行为具有一定可操作性的环境。人们在感受乡村景观"形""情"后的形成的"意"，是串联在各级、各类节点的动力性矢量，对主体行为进行规定和引导，而景观主体对这一情境要素又有一定场所依赖。可以分为具有直接引导作用的情境要素和间接引导作用的情境要素，通过空间介质的变化组合营造变化的情境，可以暗示、引导人的行为。

乡村景观情境是乡村显形的景观形态、隐形的文化内涵和人的精神世界的相互交融，是对个体心理和行为产生影响的乡村整体景观环境。景观物理情境是影响景观行为的客观存在，游客的行为偏好和体验质量主要取决于乡村景观要素的自然和文化景观特征；但由于开发模式、商业化程度及社区居民态度的不同，即使是景观要素相同的乡村也会呈现出不同的氛围，并由此导致不同的游客行为偏好，形成不同的行为情境。乡村景观的物理情境、心理情境、行为情境三个维度呈现出一种时空交互性，不仅体现了直接视觉所反映的景观，而且体现了来自多种感官体验的景观感应，强调了景观主体与客体之间的互动。

四、旅游发展下乡村景观情境的感知机制

对于旅游发展下景观感受的研究，主要集中在景观感知价值的构成维度、感知价值因子评价、游客感知价值与行为偏好的关系、景观意向感知等方面。莫里森（Morrison）认为游客感知价值是"对旅游产品进行的心理评价"；墨菲（Murphy）认为价值可以被看作目的地感知质量和相应价格的组合[27]，它由感知利得与感知利失两个基本维度构成，游客对目的地属性层的价值感知会对结果层的价值感知产生显著影响，其中，景观/环境和成本属性是影响旅游者体验结果的主导性因素[28]。良好的物理情境、社会情境与旅游体验质量呈显著正相关，与人相关、与物相关、与场景相关三个维度都会对感知价值产生影响。在乡村旅游方面，有研究识别出了乡村旅游的五大感知价值因子：资源特色、乡村环境、基础条件、认知成本和产品服务，乡村景观是对游客的忠诚度和游客满意度贡献最大的因子。乡村景观的连贯性、复杂性、自然性、管理有效性、视觉尺度、历史性、抽象性和瞬时性对感知价值有积极的影响，而干扰是负相关的偏好[29]；传统村落游客感

知价值的内在维度可以初步辨识为社会价值、情感价值、认知价值、感知成本、古村落服务接待体系感知、古村落旅游资源本体感知等6个维度[30]；游客感知价值对旅游目的地满意度的重要性（忠诚度、重游意愿、亲友推荐意愿）已经得到证实[31,32]，游客忠诚模型研究表明，建立良好的传统村落游客感知体验环境、创造和传递游客感知价值，可以培育游客的忠诚度和保护意愿；关于居民与游客对于乡村景观满意度和质量的感知，虽然已有比较研究等[33]，但目前的研究成果对乡村整体景观环境氛围感知以及感知主客体之间相互关系和内在机制的探讨较少。

我们在长期大量的调研中发现，旅游产业在带来乡村经济发展的同时，也带来了乡村景观情境的变化，使乡村景观的保护和可持续发展面临一系列挑战。消费驱动和需求驱动下的旅游发展导致乡村呈现出"旅游目的地"的特征：为了迎合旅游发展的需要，房屋、街道、公共活动空间，甚至节庆活动都变成了展览馆；虽然还保留着传统的建筑风貌和景观符号，但整个村落的意境和氛围已经发生了变化；乡村景观变为旅游商品，呈现出一种"舞台化的真实"。这种导向也使得景观规划和设计偏向"旅游景观"，从而忽视了乡村原有的景观风貌。这些问题的出现，一方面是由于对乡村景观价值认知的缺失，另一方面是由于对景观主体感受的忽视。乡村景观会给游客带来什么样的感受？游客的感受又会产生哪些行为偏好？这些感受和行为偏好对乡村空间规划和旅游发展又有哪些影响？如何积极应对？本书研究根据行为学的"人—情境互动论"及景观心理物理学派的"刺激—反应"理论，运用景观感受主客观评价的现代技术方法，探讨旅游发展下乡村景观与感受的互动机制。

本书对旅游发展下乡村景观情境的感知，主要从乡村景观物理情境、心理情境、行为情境三个层面展开，以乡村景观的物理感受指标、心理感受指标和行为偏好指标的定量化测定为线索，建立乡村景观价值感知体系，发现乡村旅游与景观互动的价值感知理论。同时，因为旅游发展带来乡村社会结构的变化，景观主体也由村民变为村民与游客共生，所以研究同时调研了村民和游客对乡村景观的感受，找到旅游发展下二者对乡村景观认知的"共同价值"，厘清村民和游客都具有高感知价值的景观要素特征及时空分异规律，提取整体改善提升乡村景观空间感受质量的景观要素、空间模式和环境意向，构建乡村景观价值与空间行为感受之间的互动关系模型。

1. 乡村景观物理情境感知分析

选取村口空间、街巷空间、院落空间、滨水空间、公共活动空间等典型村落空间，尤其关注居民休息、游客休闲活动集聚的空间节点（非游览活动空间），利用 WatchDog2000 系列气象站，对这些空间的温度、湿度、风速等风景园林小气候要素指标进行实时测定，得到景观空间舒适度评价的定量值，分析提取具有较高舒适度感知的乡村空间形态和景观要素特征。

2. 乡村景观心理情境感知分析

通过问卷调研、场所依恋量表、POMS 量表、深度访谈等方法获得居民和游客在不同乡村景观环境下的心理感受数据，发现、提取能够提高居民和游客愉悦度感知的乡村景观环境要素。对不同景观情境下受访者压力指标的变化值和心理情绪感受的变化值进行对比；分析提取具有较高愉悦度感知的村落空间类型、景观要素和环境意向特征。尤其关注游客和居民具有较高的游览兴趣和情感依恋、表现出较强兴奋度和压力释放度的景观场景。

3. 乡村景观行为情境偏好分析

运用便携式 GPS 对居民和游客在村落中的空间行为轨迹和停留时间进行跟踪测试，获得居民和游客在乡村中的空间感受和行为意向。记录游客及居民移动轨迹的空间数据，分析对游客行为偏好产生重要影响的景观功能和意向特征。探索乡村景观对游客空间性行为偏好的影响，寻找旅游发展下不同景观空间的需求强度和使用频率，分析提取具有较高活跃度感知的乡村空间类型、景观要素和环境意向特征。

景观感受主客观评价的现代技术方法为本研究提供了较成熟的技术支撑。本书将结合具体案例调研，通过对村民和游客的物理感受、心理感受和行为偏好进行分析评价，发现乡村景观价值与行为感受之间的互动关系，提取居民和游客认为具有较高舒适度、愉悦度、活跃度的乡村景观特征，构建乡村旅游与景观互动的感知机制（图 2-1）。

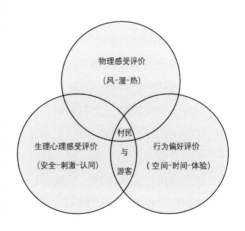

图 2-1 乡村景观情境的感知机制（图片来源：作者自绘）

第二节　乡村景观物理情境的感知

　　对环境的气候适应性营造是人类生存的重要途径和保障[34]。乡村景观对环境的适宜性体现出明显的地域气候差异，除聚落选址外，其本身内部的营造也蕴含小气候的营造经验，乡村小气候普遍与区域局地大气候存在差异。从旅游的角度来看，乡村小气候热舒适感受影响着游客的交互体验行为偏好，也影响着当地村民留居与出行的选择，从而影响着乡村景观空间的使用，对乡村旅游空间规划也提出了相应的需求，良好的小气候环境效能是乡村聚落景观保护与发展的重要调节服务。所以，研究选取风景园林小气候要素作为乡村景观物理感受评价的指标，从人居环境理论出发，以实测为基础，以量化为依据，通过乡村风景园林小气候效能的测评，研究小气候感受与乡村地区传统人居空间的耦合特征，探寻乡村热舒适性空间结构与形态模式，不仅关注景观风貌，更关注生态服务与行为感受。

一、乡村景观小气候舒适度

　　基于风景园林"三元"理论，小气候环境（背景元）与空间设计建造（建设元）之间的根本问题是人体感受的舒适性（活动元）。热感受是人体对环境冷热程度的判断，热舒适是心理和生理共同作用的，是人体对热环境满意的程度，由风速、相对湿度、空气温度、太阳辐射、人体活动状态等要素共同组合影响，仅单独一项气候因子指标很难全面评价。对于热舒适感受的评价方法，主要有物理客观评价、生理反应评价和主观心理评价。其中，心理评价的测度可通过主观感受问卷或感知地图进行现场调研；生理评价可通过设备监测脑电、皮电等人体数据；物理客观评价可以在现场实测小气候数据的基础上，结合活动水平与衣着情况，通过热舒适度指标模型计算出热舒适程度，是评价小气候感受的主要方式。预测平均投票（PMV）、生理等效温度（PET）、标准有效温度（SET*）及普遍热舒适指数（UTCI）等评价指标被广泛使用。还可以运用问卷调查、认知地图访谈等，寻找、判定小气候舒适空间[35]。

PMV 于 1970 年由丹麦的范格尔教授提出，是表征人体热反应（冷热感觉）的评价指标，代表了同一环境中大多数人的冷热感觉[36]。

PET 由霍佩（Höppe）提出，是在慕尼黑人体热量平衡模型 MEMI 基础上推导出的热指标，定义为在某一室内或户外环境中，人体皮肤温度和体内温度达到与典型室内环境同等的热状态所对应的气温。该指标便于非专业人员以室内的热经历来评价复杂的室外热环境，被国内外学者广泛使用[37,38]。

SET* 指在室内环境条件均匀、空气温度等于平均辐射温度、相对湿度为 50%、静风状态的标准环境中，穿着标准热阻服装（0.6 clo）的人员，其活动量对应于新陈代谢率为 58 W/m² （相对于伏案工作），此时人体的皮肤温度、皮肤湿润度和热损失均与标准环境相同，该标准环境温度即为标准有效温度[39]。其计算参数有气温、风速、平均辐射温度、相对湿度、大气压和衣着指数和活动强度等。已有研究表明 SET* 适合评估长三角地区户外热感觉[40]，热舒适范围为 22.5℃~25.6℃。本研究主要采用 SET* 作为小气候感受评价指标。

二、乡村景观小气候实测

选取乡村的典型空间单元类型，利用 WatchDog2000 系列气象站，采集测点的小气候物理环境数据（气温、相对湿度、风向风速、太阳辐射、地温、气压）。在系统中输入当时段气压及人体衣着、活动强度、体型等，通过风速、湿度等物理环境数据计算热舒适度 SET*。同时，利用 Ladybug 全景摄像机和测绘方法，记录、提取这些景观单元的空间布局模式（中心空间、线形空间）、空间围合模式（开敞、郁闭）、植物布局模式（植被种类、绿化覆盖率）、水体布局模式（面积、形态）和空间要素构成（种类、材质）。进而，综合分析温度、湿度、风速等乡村景观物理情境对人体舒适度的影响，得到景观空间舒适度评价的定量值，分析提取具有较高舒适度感知的乡村空间形态和景观要素特征。

三、江苏苏州同里古镇公共空间小气候感受评价[41]

研究以苏州吴江同里古镇为例，基于现场实测验证，应用计算流体力学（Computational Fluid Dynamics）平台进行量化模拟，建立同里古镇户外公共空间小气候物理环境和感受模型，生成可视化分析图。测试于 2018 年 4 月 30 日至 5 月 2 日进行，选取旅游高峰日中一天的四个时段，评估其不同时段的热舒适度分区格局，将传统人居空间中人所感应的风湿热等自然过程进行全局系统解析，进一步探究水网地区传统聚落小气候环境中水体、植被、建筑等空间形态特征与小气候感受的相互关系，提取江南水乡传统聚落公共空间中改善小气候感受的营造模式。

1. 同里古镇小气候实测

同里是典型网状结构的传统水乡聚落，水系形式多变，是重要的历史建成遗产[42]。古镇被水网分隔环绕，形成居住街坊的整体骨架。环水的居住街坊内，传统民居密集发展，形成丰富多变的巷弄肌理，结合滨水空间，承载主要的户外活动，提供了类型多样的空间样本。受多种条件限制，同里古镇的空间复杂、游人集中，不便于现场观测，较难对小气候环境进行全面评估；且目前多以测点的方式呈现，可作为建成环境热舒适性的一种空间抽样评估，但受仪器数量限制，无法整体反映热舒适感受区域尺度与空间变化，而计算机模拟是实现小气候热舒适感受研究空间化、可视化的有效手段。为避免非可控因素（如旅游高峰期的游客流量、人为热）以及天气状况（晴朗少云无风，昼夜温差较大，风速 <2 m/s）[43]，于 2018 年 4 月 30 日的 7：00—19：00，选取滨水林下空间、滨水开敞空间两处进行实测。每个测点放置一台 WatchDog 气象站，每 1 min 自动采集一次距地面 1.5 m 高度的小气候物理环境数据。由于古镇环境小气候与区域局地大气候存在差异，为辅助后续模拟，宜测量沿上风向水平距离约为 10 倍平均建筑高度处、垂直为 1 倍平均建筑高度处的参照点环境数据作为模拟的边界条件，而由于实地条件的复杂性以及仪器设备管理的限制，使前述测量较难以实现[44]，因而本研究边界条件源于测试当日当地气象部门（吴江站）所观测的逐分钟 10 m 高度大气数据。实测表明，测点 1 和测点 2 的相对湿度在 13：00 前持续降低，13：00—16：00 比较平稳，气压从早到晚持续降低，气温均在 14：00 最高，测点 1 地温在 15：00 最高，测点 2 在 12：30 最高，说明测点 1 下垫面主要受长波辐射，被缓慢加热，测点 2 则随太阳辐射直接变化（图 2-2）。

图 2-2　同里古镇测点布局平面图（图片来源：马椿栋 绘 / 摄）

2. 模拟验证与小气候感受评测

由于 12：30 有云，太阳辐射被长时间遮挡，故选取当日 9：30、11：30、13：30 和 15：30 四个时段进行数值模拟。平面资料主要源于相关影像及规划图纸，结合实地踏勘，对同里古镇区及周边共 1 km² 范围内的建筑、水体、主要植被和下垫面进行描绘、建立三维模型，将公共步行空间（主要包括巷弄、广场、街道峡谷、滨水带）作为热舒适性评估研究区域范围。导入前处理器，计算域 1400 m×1200 m×200 m，域内为不可压缩空气，设置初始物体辐射发射率和各材料物性，采用标准 $k^{-\varepsilon}$ 湍流模型和 View Factor（VF）热流分析，综合计算流体、湍流、热量、湿度、辐射和太阳辐射。四个时段的各初始边界条件：风向、参考高度风速、气温、地温、相对湿度，根据气象观测数据进行设置，入流为 Power Law 速度边界，出流为开放边界，除底边界外均可完全透过太阳辐射；植物采用 Plant Canopy 模型，设置摩擦系数 0.78，叶面积密度 5.73 m²/m³，绿化覆盖率 0.7，并考虑植物的热特征 [45]；湿度均以相对湿度计算，水汽扩散系数均设为 2.56×10⁻⁵，由于同里古镇区水系整体流速较慢 [46]，将水体考虑为静水池蒸发，水汽质量通量

2.75×10^{-4} kg/(m²·s)；太阳高度及方位角根据 ASHRAE Handbook 2013，由同里古镇所在地理位置（120° 7′ E，31° 2′ N，5 m）及模拟时段确定，15：30 由于能见度下降，调整云量系数设为 0.3 保证太阳辐射通量与实际一致，考虑地面反射，反射率设为典型村镇地区（0.5），建筑漫射率及吸收率设为 0.5；长波辐射散射率 0.9，辐射采样数 2.6 万个。对模型进行网格划分，网格尺度阈值标准为 1 m，最大 10 m，几何级数过渡比

图 2-3　同里古镇模拟模型（图片来源：马椿栋 绘）

1~1.5，采用典型顶点探测，将计算网格数控制在 960 万个，导入运算器进行数值计算求解，进行小气候环境数值模拟运算（图 2-3）。

3. 同里古镇小气候热舒适感受区评价

在后处理器中，输出测点 1 和 2 的模拟数据，与实测数据进行对比。实测值与模拟值平均绝对百分比误差值小于 10%，说明实测值与模拟值之间的误差较小，模型能较好地模拟小气候环境数值。较大的误差源于 9：30 的风速，这是由于测试仪器对极低风速无法较好采集。在后处理器中拓展变量，输入当时段气压及人体衣着、活动强度、体型等，通过风速、湿度等物理环境数据计算热舒适度 SET*，统一度量，生成各时段热舒适度空间分区分布图，用人居环境"空间—时间"视角，通过可视化的手段，评估其热舒适性及感受区格局 [47]。各时段热舒适感受分区图表明，9：30 同里古镇绝大部分区域的热舒适度 ≤ 26℃，属于舒适范围，说明同里古镇具有良好的小气候特征。另外三个时段热舒适性相近，滨水区热舒适区优于街巷区，水系两侧的开敞空间形成了主要的较舒适区，较不适区域均集中在民居密集的街坊内部。11：30 不适区域分布明显多于 13：30 和 15：30，这可能与 13：30 前出现的多云状态降低了该时段的地表温度、15：30 大气能见度下降减少了太阳辐射通量有关。各时段小气候物理环境因子平面图表明，在这三个时段中，风速的格局分布较一致，11：30 同里古镇户外公共空间气温较另两个时段低，但地表温度、相对湿度与太阳辐射均较高，因而这个时段不适空间面积较大。空间类型上，除 9：30 外，三个

时段总体同里古镇不适区面积较大，但滨水带林下空间和街道峡谷仍是相对舒适的区域，优于内部广场和巷弄区域（图2-4、图2-5）。

图 2-4　不同时段小气候热舒适感受分区平面图（图片来源：马椿栋 绘）

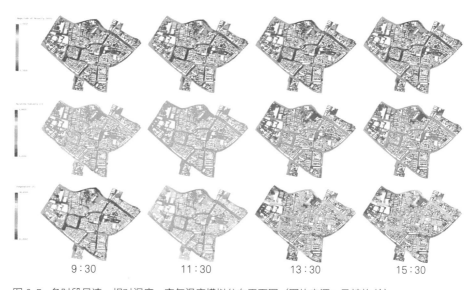

图 2-5　各时段风速、相对湿度、空气温度模拟分布平面图（图片来源：马椿栋 绘）

4. 小气候舒适性典型空间模式

在以往研究中，研究者大多将基于测点的高宽比和 SVF（天空开阔度）作为主要的小气候热舒适性空间评价指标，一般认为夏季户外空间的表面温度、太阳辐射、热舒适度与其 SVF 成正相关[48]。通过现状物理空间形态与各时段小气候感受平面分布的互动分析，提炼出同里古镇 4 种热感受区较舒适的空间模式：（1）围合广场（SVF 0.47）、（2）街道峡谷（SVF 0.5）、（3）滨水开敞广场（SVF 0.49）和（4）滨水林下空间（SVF 0.1），热舒适区的形态与尺度皆随时间存在小幅动态变化；其中以模式（4）滨水林下空间为同里古镇分布最多最广的热舒适空间类型，水系廊道带来较好的风环境，绿化遮阴降低气温和太阳辐射，总体上克服了湿度过高的影响；而模式（1）至（3）均是缺少遮阴与绿化覆盖的区域，同样可以提供相当尺度的较舒适区，这说明遮阴减少太阳辐射不是唯一改善初夏环境舒适性的手段，通过建筑等空间要素的合理尺度与形态组合，也能够形成满足需求的热舒适感受区的设计原型（图 2-6）。

5. 改善小气候热舒适的空间要素重构

运用情景分析的方法，在（1）现状的基础上，增加（2）无水体蒸发和（3）无植被两个算例，作为空间要素重构的单一变量模拟实验。无水体蒸发后，环境相对湿度不再因蒸发散湿提高，但同时由于此次模拟未能考虑水体蒸发潜热，研究区域的热舒适性出现了略有改善的状况；无植被后，整体热舒适性明显恶化，不适区域加重、扩大；但部分区域如古镇中轴线上 a、b、c 点所在空间，更加舒适且舒适感受区面积尺度出现大幅扩大，此时 a 点的 SVF 由 0.47 改为 0.58，b 点由 0.3 改为 0.77，c 点由 0.11 改为 0.55。没有植被的阻风作用后，广场上的风环境得到改善，舒适性提高，再次表明除天空可见度的减少和增加绿化遮阴外，空间形态和限定的重构组织也是改善小气候热舒适性、营造热舒适感受区的可行方法，需要兼顾空气流速、湿度、温度、遮阳的平衡[49]，这为公共空间小气候单元设计提供了新的角度与可能（图 2-7）。

以上实测和模拟结果，突出了同里古镇的小气候营造智慧，与现场观察调研的结果基本一致，滨水林下空间是同里古镇主要的热舒适空间类型，也是居民、游客停留时间最长的区域。游客的游览路径 100% 覆盖滨水带，尤其是三桥的到

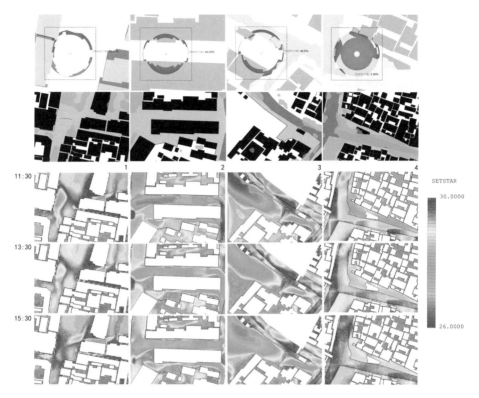

图 2-6 不同时段、不同空间模式小气候感受平面图（图片来源：马椿栋 绘）

13：30 现状　　　　　13：30 无蒸发　　　　　13：30 无植被

图 2-7 不同情景小气候感受平面图（图片来源：马椿栋 绘）

达率达到 97%；当地居民长期以来也喜欢在滨水空间开展家务活动和休闲交往活动，茶余饭后常在街道峡谷聊天、休憩。另外，在同里古镇的一些庭院空间，虽然缺少遮阴与绿化，但通过建筑要素的合理尺度与形态组合，也形成了小气候舒适的开敞空间，同样吸引游客停留、休憩。

第三节 乡村景观心理情境的感知

乡村景观是在一定的地域空间内由自然要素和人文因素相作用形成的综合体，既包括在这块土地上由自然成因构成的景观，也包括由于人类生产生活对自然改造形成的大地景观，以及当地居民特有的乡土文化和民风民俗[50]。人们对乡村景观的偏爱大多来自心理上的认同和依恋，这种乡愁的感觉往往触动了个人最深层的情感，而这种情感感知与旅游目的地的满意度直接相关，并对其保护发展具有重要意义。使游客获得对乡村景观的认知和理解，使居民获得对乡土文化的归属感和自豪感，从而激发二者对乡村景观的主动保护行为，是发展乡村旅游的重要意义所在。所以，本书以当地居民和游客对乡村景观的地域特征感知和场所依恋感知作为心理感知机制研究的切入点，探讨在现有的乡村旅游发展模式下，乡村景观的地域特征是否能够被游客充分认识、感受和体验到？当地居民对这种地域景观价值的认知度如何？游客是否会对乡村景观产生情感上的共鸣和依恋？村民对世代生活的乡村的依恋是否发生了变化？研究通过对乡村景观地域特征感知度和场所依恋度的调研和分析，提取对居民和游客心理感知具有显著影响的乡村景观要素，厘清居民和游客地域感知和场所依恋感知存在差异的原因，并提出对策建议。

一、乡村景观的地域特征感知 [51]

地域性是乡村景观最显著的特征，在乡村景观地域特征感知的调研方法上，主要采取量表问卷调研与 PEI（Photo Elicitation Interviews）照片引导识别相结合的方式。在问卷题项设计中，可以通过"我觉得这里建筑风貌很有特色""我觉得这里街巷空间很有特色""我觉得这里的小桥等景观要素很有特色"等进行乡村物质景观地域性特征感知的评价；通过"我在这里获得了当地生产生活的体验""我感受到了文化风俗""我品尝了一些当地的美食"等进行非物质景观地域性特征感知的评价；由于游客感知价值对旅游目的地满意度的重要性（忠诚度、重游意愿、亲友推荐意愿）已经得到证实，所以可以选取"我对本次旅游整体感觉满意""我愿意再来这里旅游""我会介绍我的亲戚朋友来这里旅游"三个题项进行游客满意度的评价。量表采用五级评分，从"很不赞同"到"非常赞同"分别用 1—5 分来测量。

在完成量表问卷调研后，参考 PEI 照片引导访谈方法，请受访者对地域景观进行照片识别。在现场选取拍摄具有代表性的建筑风貌、街巷空间、景观要素、乡土民情、传统文化和特色美食，每组照片 4~5 张，调研人员利用相关设备向受访者进行一对一的照片展示及访谈，请受访者从中选择出认为能够代表村落地域景观特色的照片，每组选择不超过 2 张。

运用以上方法，以江苏同里古镇作为景观地域特征感知研究的案例地，于 2018 年 5 月和 10 月进行了两次实地调查。同里在发展旅游的过程中，不仅保护保存了完整的江南水乡景观风貌，而且鼓励原居民留在当地生产生活或从事旅游业，以展现和传承当地具有特色的文化风俗，成为江南水乡古镇旅游发展的典范和代表。所以，在同里可以较为方便地完成对居民和游客的调研，获得二者对景观地域特征感知度的评价数据。调研期间共发放游客问卷 173 份，回收 170 份，其中缺失值较多的问卷 3 份，视为无效，有效问卷 170 份，其余少量缺失值用均值替代；共发放居民问卷 107 份，回收 106 份，其中缺失值较多的问卷 1 份，视为无效，有效问卷 106 份，其余少量缺失值用均值替代（表 2-1、表 2-2）。

表 2-1　游客基本信息情况表

游客性别	男		女		
	40.5%		59.5%		
年龄 / 岁（单选）	<18	18~25	26~35	36~50	>50
	3.9%	41.0%	30.8%	13.5%	10.8%
省份（单选）	本地	本市	本省	外省	国外
	7.5%	17.8%	23.1%	49.2%	2.4%
出游方式（单选）	全程随团	自由行	自驾	公共交通自助	其他
	11.1%	61.7%	19%	5.1%	3.1%

表 2-2　当地居民基本信息情况表

游客性别	男			女	
	47.2%			52.8%	
年龄/岁（单选）	<18	18~25	26~35	36~60	>60
	2.8%	9.5%	21.7%	31.1%	34.9%
居住时间/年（单选）	<3		3~10	10~20	>20
	5.7%		17.0%	16.0%	61.3%
职业（单选）	农民	工人	公职人员	公司职员	学生	退休	其他
	1.9%	5.6%	7.5%	3.8%	3.8%	36.8%	40.6%
参与旅游经营（单选）	是			否	
	56.6%			43.4%	

1. 居民和游客对物质景观地域特征的感知度分析

（1）建筑风貌地域特征感知

同里古镇除了拥有 38 座明清园宅及众多的乡绅宅院、名人故居外，其民居建筑也颇具特色，依河而筑、家家临水、户户垂杨，合院式住宅前后临河、临水型住宅前街后河、面水型住宅隔街而河[52]。调研结果显示，58.5% 的受访居民、76.4%的受访游客赞同或比较赞同"同里古镇建筑风貌具有地域特征"（表 2-3），进一步通过照片识别（表 2-4），发现游客和居民都认为拍摄于竹行街的沿河建筑最具地域特征，沿河古民居及明清街香格亭的地域特征识别度也较高，说明游客和居民对同里依水而建的建筑格局，黑、白、灰的淡雅色彩基调以及砖雕门楼、脊角高翘、走马楼、明瓦窗等统一有序的建筑要素[53]具有较高的识别度。

（2）街巷空间地域特征感知

同里维系着原有的街巷空间特色，保持了婉约延绵的水巷和亲切宜人的街廊，主街—次街—小巷—备弄的多层级步行网络体系具有强烈的方向感和序列感[54]。问卷调研结果显示，59.5% 的受访居民、75.7% 的受访游客赞同或比较赞同"同

表 2-3 建筑风貌地域特征感知度统计表

认为建筑风貌有地域特色	非常赞同	比较赞同	一般	比较不赞同	非常不赞同
居民组	30.2%	28.3%	36.8%	4.7%	0
游客组	28.8%	47.6%	20.6%	2.4%	0.6%

表 2-4 建筑风貌的地域特征识别

具有地域特征的建筑风貌（双选）						全不选（认为没有特色）
	照片 1	照片 2	照片 3	照片 4	照片 5	
居民组	28.9%	13.3%	48.9%	20.0%	34.4%	8.9%
游客组	26.9%	7.4%	50.0%	24.1%	26.9%	11.1%

注：表中图片均由张佳琪拍摄。

里的街巷空间具有特色"（表 2-5）。通过访谈发现，居民感知度不高的原因主要是由于旅游业发展后，主路如明清街、中川路等成为为游客服务的商业性街道，虽然在结构、材料、色彩、形式与比例等方面沿用了传统地域特征，但沿街建筑基本改成了商业店铺，街道的功能和特征发生了明显变化；主要景点附近的沿河街道也基本变成了游览空间，如严家廊下至富观街的三桥景区，游客到达率较高，而本村居民较少到达。进一步通过照片识别（表 2-6），游客和居民都认为同里的备弄是最具有地域特征的，尤其是当地居民，认可率达到 73.3%。其原因一方面是由于其具有良好的景观环境特征，小巷、备弄与纵横交错的水系相联结，蜿蜒曲折，巷窄墙高，巷中气温低、空气流通快，形成了天然的风道[55]，具有舒适宜人的小气候环境；另一方面是由于备弄连接各户居民出入口，而游客较少到达，相对隐私、安静，所以小巷和备弄成为当地居民休憩、交往活动的偏好空间。值得注意的是，虽然游客也对同里的小巷、备弄有较高的认可度，但运用手机 App《两步路》对 50 位游客游览路径的跟踪却表明，到达古镇特色小巷的游客不到 15%，甚至连接主要景点的穿心弄、仓场弄、石皮弄，游客到达率都很低，说明虽然同里特色街巷空间对游客具有较强的吸引力和神秘感，但游客并没有得到全面的游赏和体验。

表 2-5 街巷空间地域特征感知度统计表

认为街巷空间有地域特色	非常赞同	比较赞同	一般	比较不赞同	非常不赞同
居民组	27.4%	32.1%	33.0%	6.6%	0.9%
游客组	26.6%	49.1%	21.3%	2.4%	0.6%

表 2-6 街巷空间的地域特征识别

具有地域特征的建筑风貌（双选）						全不选（认为没有特色）
	照片 1	照片 2	照片 3	照片 4	照片 5	
居民组	30%	27.8%	18.9%	73.3%	11.1%	3.3%
游客组	9.3%	32.4%	12.0%	58.3%	37.0%	4.6%

注：表中图片均由杨珂拍摄。

（3）景观要素地域特征感知

同里古镇纵横相连、阡陌交错的河道水浜和千姿百态、大小不一的石桥河埠构筑了典型江南水乡古镇格局，正所谓水是同里的神韵，依水成街、环水设市、傍水成园；桥是同里的精华，将河、街、巷、岛、宅、园、店相联结[56]。调研结果显示，67.9% 的受访居民、76.4% 的受访游客赞同或比较赞同"同里的景观要素具有特色"（表 2-7），进一步通过照片识别（表 2-8），拍摄于三桥之长庆桥和南门处泰来桥是居民和游客认为最具地域特征的景观。尤其对于居民来说，同里的桥和水已经成为其居住环境的代名词，具有强烈的认同感和自豪感；相比之下，居民认为布满游船的码头是最不具有地域特征的。而游客的感知度差异不明显，结合访谈发现，游客普遍表示虽然感受到了同里小桥流水的特色，但对于其景观的缘起、内涵及意境并没有深入的了解，感觉和其他古镇差异不大。所以在旅游发展中，特别需要通过游线设计和解说系统，加强对古镇景观价值的展现、解说和利用。

表 2-7　景观要素地域特征感知度统计表

认为景观要素 有地域特色	非常赞同	比较赞同	一般	比较不赞同	非常不赞同
居民组	20.7%	47.2%	25.5%	5.7%	0.9%
游客组	32.9%	43.5%	21.8%	0.6%	1.2%

表 2-8　景观要素的地域特征识别

具有地域特征的建筑风貌（双选）	照片 1	照片 2	照片 3	照片 4	照片 5	全不选（认为没有特色）
居民组	54.4%	25.6%	43.3%	20.0%	12.2%	5.6%
游客组	38.9%	27.8%	33.3%	25.9%	28.7%	3.7%

注：表中图片均由张佳琪拍摄。

2. 居民和游客对非物质景观地域特征的感知度分析

（1）乡土民情地域特征感知

问卷调研结果显示，56.6% 的受访居民、41.8% 的受访游客赞同或比较赞同"同里古镇的乡土民情具有地域特色"（表 2-9），感知度并不高。尽管同里古镇一直鼓励和吸引原住居民长期定居，充分利用传统民居开展旅游活动，维持同里景区原有的生产生活形态；有研究也表明同里古镇居民的旅游空间权能感知对其旅游开发态度有显著正向影响[57]，但本次调研发现，旅游业的迅速发展已经对当地居民的生产生活方式产生了重要影响。沿街民居大多改成了饭店、民宿，有一些店铺租给了外地商户，店铺的性质功能也发生了明显变化，相比较 2012 年[58]，退思园周边主要面向游客的店铺由 38% 增加到 67%，竹行埭主要面向游客的店铺由 49% 增加到 95%。而从空间使用上来看，当地居民长期以来喜欢在户外空间进行家务活动和休闲交往活动，如洗菜、做饭、洗衣、晾晒衣物、乘凉聊天，并形成了约定俗成的具有领域性的日常生活空间，但目前在游客人流密度较大的地区，居民的户外家务活动明显减少[59]，特别是许多沿河的公共水埠码头已成为游客观景、休憩和留影的场所，邻近居民的空间使用率比较低。进一步通过照片识别（表2-10），老人剪鸡头米、居民在河边洗衣的场景被认为是最具地域特征的人文景观，说明游客和居民都非常希望能够保留和体验古镇本来的生活和恬淡清幽的气息。

（2）历史文化地域特征感知

调研结果显示，59.5%的受访居民、62.8%的受访游客赞同或比较赞同"同里古镇的历史文化具有地域特色"（表2-11）。通过照片识别（表2-12），居民和游客都对"走三桥"这一同里传统习俗感知度较高，尤其当地居民熟稔于心，而游客的感知度略低于当地游客，主要原因是游客大多听导游介绍过，但没有亲眼目睹走三桥的场景；而锡剧、闸水龙、神仙会等传统文化习俗，无论是居民和游客，感知度都比较低，主要是由于这些传统文化活动已经很少举办。值得注意的是，游客对烧地香、放水灯的感知度较高，访谈得知游客认为这类活动具有江

表 2-9　乡土民情地域特征感知度统计表

认为乡土民情具有地域特色	非常赞同	比较赞同	一般	比较不赞同	非常不赞同
居民组	17.0%	39.6%	34.9%	8.5%	0
游客组	11.2%	30.6%	37.1%	15.2%	5.9%

表 2-10　乡土民情的地域特征识别

具有地域特征的建筑风貌（双选）	照片1	照片2	照片3	照片4	照片5	全不选（认为没有特色）
居民组	63.3%	4.4%	11.1%	15.6%	28.9%	16.7%
游客组	57.4%	4.6%	9.3%	31.5%	37.0%	14.8%

注：表中图片均由杨珂拍摄。

表 2-11　历史文化地域特征感知度统计表

认为乡土民情具有地域特色	非常赞同	比较赞同	一般	比较不赞同	非常不赞同
居民组	21.7%	37.8%	31.1%	8.5%	0.9%
游客组	24.3%	38.5%	26.0%	10.1%	1.2%

表 2-12　历史文化的地域特征识别

具有地域特征的建筑风貌（双选）	照片 1：锡剧	照片 2：走三桥	照片 3：六月廿三闸水龙	照片 4：四月十四神仙会	照片 5：七月三十烧地香、放水灯	全不选（认为没有特色）
居民组	23.3%	70.0%	13.3%	8.9%	16.7%	13.3%
游客组	20.4%	50.0%	29.6%	12.0%	45.4%	5.6%

注：照片 1 杨珂 摄；
照片 2 苏州姑苏网 http://suzhou.gusuwang.com/v18057.html；
照片 3 途牛 http://www.tuniu.com/play/10507/；
照片 4 途牛 http://www.tuniu.com/play/10500/；
照片 5 途牛 http://www.tuniu.com/play/10509/.

南水乡特色。通过轨迹跟踪发现，有 96.7% 的游客到达古戏台并停留，说明游客有很强的愿望和兴趣了解地方文化，但是目前戏台仅在周末举行锡剧演出且场次较少，民俗文化活动空间体验有限、产品互动性不足，影响了游客对同里历史文化认识和体验的需求。

（3）同里美食的地域特征感知

问卷调研结果显示，69.5% 的受访居民、60.6% 的受访游客赞同或比较赞同"同里美食具有地域特色"（表 2-13），说明游客对乡土美食文化认可度较高，这与同里的街巷氛围和商业业态直接相关。一方面，街巷建筑底层的商店是敞开式的，窄面阔、大进深、前店后房或下店上房的商业铺面，营造了传统街市的市井氛围[60]；另一方面，从业态分布来看，店铺以当地美食居多，明清街、中川北路、富观街、尤家弄、竹行埭等街巷共有商铺221家，其中当地小吃和饭店有92家，游客可以非常方便地品尝到当地传统美食。通过照片识别发现（表2-14），袜底酥是当地居民认为最能代表地域特色的美食，但游客的感知度仅为34.3%；同时游客对各种饮食的地域性感知度比较均衡，有13.0%的游客认为都没有特色，主要是由于同里没有发挥传统美食的优势，却在靠退思园的名气生造"退思饼"或是模仿其他古镇的特产（姜糖、状元蹄等）。

表 2-13　同里美食地域特征感知度统计表

认为乡土民情具有地域特色	非常赞同	比较赞同	一般	比较不赞同	非常不赞同
居民组	23.3%	46.2%	26.4%	11.3%	3.8%
游客组	27.1%	33.5%	30.6%	6.5%	2.3%

表 2-14　同里美食的地域特征识别

具有地域特征的建筑风貌（双选）	照片1：袜底酥	照片2：退思饼	照片3：芡实粥	照片4：姜糖	照片5：状元蹄	全不选（认为没有特色）
居民组	64.4%	13.3%	30.0%	14.4%	31.1%	5.6%
游客组	34.3%	25.0%	29.6%	23.2%	30.6%	13.0%

注：表中图片均由杨珂拍摄。

3. 居民和游客对景观地域特征感知的对比分析

从以上分析可以发现，一方面，游客对建筑、街巷、景观等物质性景观地域特征的感知度都高于当地居民，说明江南地域文化景观对游客具有较强的吸引力，而当地居民对生活环境的地域性感知却在发生变化。长久以来，同里古镇在当地居民与自然环境的长期磨合中，形成了地方性的空间品质、生活模式和文化景观，并且通过这种固化的空间形态潜移默化地影响和规范着居民的日常行为和生活习惯，但旅游业的发展使同里由一个生活性城镇变成了以观光休闲为主的旅游景区，由居民日常的生活场所变成了游客寻找差异性体验的目标和消费对象。虽然同里的建筑、街巷、景观等物质符号保存了原貌，但旅游业在一定程度上改变了当地居民的生活方式，改变了古镇空间的使用频率和功能，而当地居民也感受到了这种由内而外的、古镇风貌气质的变化。所以，旅游规划需要在居民日常生活与游客观光活动双向交织的空间中，保护传统景观的原真性。

另一方面，游客对乡土民情和风俗习惯、地方美食等非物质性景观地域特征的感知度低于当地居民，说明游客对同里地域文化的价值还没有得到很好的理解。由于目前的旅游模式仍以观光游为主，缺少互动性和参与性的项目，拥挤的人流、单纯的观光，游客很难对江南景观的特征和内在文化形成深刻印象。而这种游客数量日益增长的观光游，只会给传统景观保护带来更大的压力。所以，需要以旅游发展为平台，保护和传承地域文化的原真性，使乡土文化价值能够为更多的人所认识、理解和传播。同时，居民对历史文化的感知度也低于游客，游客通过短期的旅游可以对同里的地域文化产生新鲜感和兴趣，但当地居民由于传统历史文化活动的逐渐消失，对同里当地历史文化发展的认同感发生了变化，而缺少文化内涵的古镇也将变得僵化和同质化。所以，在旅游发展带来生活富裕的同时，当地居民的文化失落感应得到重视，在旅游的发展中使当地百姓安于乡土、获得文化自觉和文化自信，使传统文化获得生机和活力。

4. 提高乡村景观地域特征感知的策略

（1）加强旅游发展下物质景观地域特征保护

传统空间环境的保护是传统文化意义得以延续的必要条件，要加强对江南水乡景观格局和民居、街巷、小桥、商铺等典型物质景观要素的保护和重点引导，通过保护整体空间肌理、留存历史脉络节点、利用乡土景观材料等方式，营造地域特征协调统一的传统景观物质情境，保护其自然性、真实性、地域性、完整性、体验性和可持续性。

（2）适当控制游客数量，提高空间游览质量

变"快进快出"的观光游为深度体验游，给游客以充分欣赏、体验江南传统

风貌的景观感知情境。通过加强解说系统、优化旅游线路设计、复活老字号作坊店铺、创造互动性景观场所等具体策略，全面展现江南水乡的地域文化特征，如古村镇的亲水性、宜居性以及传统商业文化等，既能够很好地延续传统，又能够激发空间的活力。除了解说历史典故、人物故事，更要深入浅出地介绍建筑景观、河网水系、小桥景观的特征，使游客能够对古村镇景观环境的地域性形成一个完整的印象感知。

（3）发挥居民在旅游发展中的积极作用

通过政策鼓励等手段吸引原住居民在家乡就业、居住，在旅游发展中为当地人提供更多的就业机会，激发居民对家乡的建设热情。有最了解同里的人在同里生活、为同里工作，能为同里提出最有效的发展支持，给古村镇新生的机会；这样不仅保护了传统文化的根，而且能够避免同质化发展，挖掘具有地域价值的特色旅游产品，发挥旅游在地域景观"整体保护、活态传承"及传统文化"创造型转化、创新型发展"等方面的积极作用。

二、乡村景观的场所依恋感知

在对乡村景观地域特征感知测度的基础上，研究进一步结合乡村景观的心理情境和行为情境，对乡村景观的依恋感知进行测量与分析[61,62]。保留在乡村中的文化景观是人们身份认同的重要依据，决定了地方文化差异化、个性化的存续，也是村落提供旅游消费体验的价值所在[63]。然而随着乡村旅游的快速推进，尤其是商业资本的介入，乡村旅游的同质化也日益凸显。在快进快出的乡村观光旅游发展模式下，游客无法充分认识、感受和体验到乡村景观的价值特征；一些与传统景观不协调的改建、加建项目会使游客感到无趣和不满，无法传递当地的价值特色；商业化、舞台化的旅游开发模式甚至使游客对乡村景观价值产生了误解，这使得游客很难对乡村景观产生情感上的依恋和共鸣。而随着旅游的开发和环境氛围的改变，当地村民对乡村景观的认识和感知也在发生变化。针对这些问题，研究运用场所依恋理论和方法对村民和游客的心理感受调研分析，探究游客对发展旅游之后的村落景观有怎样的感知，什么样的乡村景观情境能够使他们产生情感上的依恋，作为村落景观守护者和传承者的当地村民，他们的感受又发生了哪些变化，是否仍然热爱、依恋、坚守着这种地域景观和文化特征。

1. 乡村景观依恋量表设计

（1）场所依恋理论

"场所依恋"（place attachment）源于环境心理学研究，旨在说明人对于特定场所产生的情感联系，包括对环境的认识（cognitive）、情感（affective）与行为（behavioral），大量研究表明，"场所依恋"理论可以有效地解释个体与环境之间的依赖关系，是研究人—地关系的重要线索[64]。威廉姆斯（Williams）和罗根巴克（Roggenbuck）提出场所依恋概念时构建了"场所依赖"（place dependence, PD）和"场所认同"（place identity, PI）的经典二维结构[65]，基于此结构威廉姆斯和瓦斯科（Vaske）设计了场所依恋量表[66]。国内外学者对此进行了大量的理论探索和实证研究，如通过调研游客的场所依恋与场所满意度、游憩参与、环保行为之间的关系，探讨自然游憩地的管理与保护方法；通过分析乡村居民的场所依恋与景观偏好、土地保护态度的关系，提出乡村景观与土地保护的策略建议；通过测量皖南古村落居民的地方依恋，探讨居民地方依恋与其资源保护态度的关系等[67]。场所依恋被证明是解释个体与特定地点在情感上联结的有效方法，可以从功能依赖与情感认同两个方面去解读乡村复杂、综合的人—地关系[68,69]。

（2）乡村景观依恋量表

在进行乡村景观的依恋感知分析时，主要目标是找到当地村民和游客最有依恋感的空间场所，梳理乡村恋地空间的景观特征，这些是他们内心深处最认可的、最牵挂的、最不愿意改变的景观，实际上也反映了一种"身份认同"。研究以"场所依恋量表"为基础，结合我国乡村景观的特点进行修改完善，主要包括居民基本信息、功能依赖量表与情感认同量表三部分，"功能依赖量表"用来测量乡村在实质功能上的重要性，调查哪些乡村环境可以满足当地村民特定的需求；"情感认同量表"用来测量村民对乡村情感的维系。量表采用里克特五级评分，从"很不赞同"到"非常赞同"分别用 1 至 5 分来测量，从而可以调查出哪些景观对于当地村民具有强烈的归属感和精神含义。研究方法主要采取场所依恋度量表现场调研与深入访谈相结合的方式，通过与村落的空间数据叠合，形成"村民场所依恋感知地图"，厘清对村民具有强烈依恋感知的乡村景观的类型、特征及空间分布。同时，可结合景观偏好选点—认知地图等方法对村民和游客的乡村景观依恋感知进行综合分析（表 2-15）。

表 2-15　景观依恋感知量表题项设计

景观依恋感知	功能依赖	PD1	这里为我提供了比其他地方都更好的空间、设施等物质环境
		PD2	这里是我最满意的地方
		PD3	这里让我有了别的地方没有过的体验
		PD4	比起别的地方，我认为这里更让人觉得舒适愉快
	情感认同	PI1	我已经成为这里的一部分了
		PI2	我很认同这里，觉得很有亲切感
		PI3	在这里的活动体验能体现我是怎样的人
		PI4	这里对我来说有特殊的重要意义

2. 云南大理寺登村场所依恋分析 [70]

（1）寺登村乡村景观概况

研究选取云南大理沙溪古镇的寺登村作为乡村景观依恋感知研究的案例地。寺登村地处云南省大理州剑川县，位于沙溪坝子中心，是沙溪镇的中心村，面积约 16.6 公顷，平均海拔 2100 m，鳌峰山鳌头的小山丘由西南向东北穿过村庄，黑潓江在山丘东南侧逶迤淌过；山水环绕、气候温和、土地肥沃，素有"鱼米之乡"的美誉。

寺登村历史底蕴深厚、传统文化丰富、地域特色鲜明，是极具代表性的大理白族乡村聚落。村落保留了寺庙、戏台、商铺、马店、红砂石板街面、古树、古街巷、古寨门等传统景观；具有传统白族特色的歌舞曲艺、节庆活动、歌会和集市文化、手工技艺等，传递着当地的生活情趣和乡土气息。寺登村自南诏国时（约唐朝中晚期）就是茶马古道上的商贸要冲，曾盛极一时。现存聚落形成于明清时期，是茶马古道上唯一保存较完整的驿站古集市。2012 年寺登村入选第一批中国传统村落 [71-74]（图 2-8）。

2003 年，中瑞合作启动了沙溪寺登村的保护项目，以文化遗产保护为基础，以旅游为切入点，从核心区古建筑、古村落及周边区域、整个坝子的背景环境等三个层次进行保护 [75]；实施了四方街修复、古村落保护、沙溪坝可持续发展、生

图 2-8　村落景观风貌（图片来源：中国传统村落数字博物馆官网 http://main.dmctv.com.cn/villages/53293110401/Index.html）

态卫生、脱贫和宣传等策略 [76]，设想以温和的旅游业态来实现沙溪古镇的长期发展 [77]。复兴工程提升了沙溪寺登村的知名度和美誉度、带动了当地居民的保护意识、推进了当地文化旅游产业 [78]。由于寺登村位于滇西北"大理—丽江—香格里拉"世界级旅游路线上，旅游区位优越，旅游产业发展迅速。但在发展过程中日益严峻的过度商业化、难以推广与传承原真性保护等问题 [79]，都直接或间接地改变了当地的景观风貌和整体氛围。

　　（2）寺登村典型景观
　　研究从寺登村村落整体景观与村内典型景观两个层面展开。为提高研究的针对性和有效性，典型景观场所的选取满足以下条件：具有当地特色、历史底蕴、乡土文化等方面的代表性；对村民有较为重要的生活生产功能或情感依恋价值，寄托了当地的集体记忆；吸引了众多游客，提供集散、观景、体验等活动的空间；旅游发展前后村落景观的空间格局、环境风貌、功能活动、文化内涵有所改变，各选点能体现不同的变化内容与变化程度。根据相关文献资料与实地调研情况，在基地范围内选取了 6 个典型景观场所，包括寺登街、南古宗巷、东寨门广场、玉津桥头、四方街和兰林阁古树水景广场，这些空间是村民经常途经或聚集的场所，具有交通、宗教信仰、人文娱乐、市集商业等功能，也是最能代表寺登村历史文化价值和地域景观特征的空间。
　　街巷空间选取了寺登街与南古宗巷。寺登街是村落的东西主干道，连接四方街、通往东寨门，曾经是裸露的土路；目前沿街商铺建筑已经修复完善，铺设红砂石板路，新建溪石流水景观，环境品质有很大提升；街道开敞热闹，沿街商铺基本服务于游客，每周五沿街摆摊的市集已搬至新镇区。南古宗巷是村落南北向主巷道之一，因古时藏族马帮经此盐运甚繁而得名，连接四方街与南寨门，经过修复保护基本保留传统风貌；路边为传统民居，部分开辟为民宿、工艺品店等商铺，整体氛围清静古朴（图 2-9、图 2-10）。

广场空间选取了四方街与东寨门广场。四方街位于南古宗巷和寺登街交汇处，是历史上马帮交易的重要场所，曲尺形的广场正中有两棵槐树，开阔的红砂石板街面和周边的商铺、马店、兴教寺、古戏台，共同构成沙溪寺登的灵魂与核心，现在村民仍在这里进行节庆集会、聊天休息等活动；复兴工程较好地修复保护了原始风貌，但千年马帮街市已搬离。东寨门是古集市、古道的重要节点，被村民称为"街子门"，表示进了此门就是集市；夯土门楼低调朴实，沉淀着古村防御交通的历史，古寨门已被修复、保持着原有风貌，周围新开了客栈商铺，寨门外近年考虑到游客集散而扩建的广场（图 2-11、图 2-12）。

滨水空间选取了玉津桥头与兰林阁古树水景广场。玉津桥横跨黑潓江，连接东寨门、通往大理地区，是村落东南部对外交通的重要节点，桥头有河神小庙，

图 2-9 寺登街（图片来源：杨珂 摄）

图 2-10 南古宗巷（图片来源：杨珂 摄）

图 2-11 四方街（图片来源：杨珂 摄）

图 2-12 东寨门广场（图片来源：杨珂 摄）

是村民祈福休闲观景的场所；古朴的石桥、奔流的江水、开阔的田野乡村构成了纯朴自然的画卷；周边为满足游客需求新建了人工景观和马棚。兰林阁古树水景广场是兰林阁开发区的入口广场，保留了原场地的黄连古木，设计了人工水景和休憩区；兰林阁开发区是拆除原有小学后院、牲口交易市场和果园后新建的庭院式酒店和商业街，占地0.9公顷，2016年开业，精致舒适，但崭新的传统院落街区与古村风貌不相适宜（图2-13、图2-14）。

根据寺登村各选点的基本情况总结了其景观和文化特征，梳理了其空间格局、功能、景观风貌的保留程度（图2-15，表2-16）。

图2-13 玉津桥头（图片来源：杨珂 摄）

图2-14 兰林阁古树水景广场（图片来源：杨珂 摄）

图2-15 古村聚落范围与调研选点示意图（图片来源：杨珂 绘）

表 2-16　调研选点的景观特征与传统景观保留程度

选点类型	选点名称	景观、文化特征	传统景观保留程度			
			空间格局	功能	景观风貌	保留程度
街巷	寺登街	通行、赶集记忆、传统民居商铺	基本不变	部分改变	部分改变	中
	南古宗巷	通行、防御山匪的南寨门记忆、传统民居商铺	基本不变	部分改变	基本不变	较高
广场	四方街	集会休闲、马帮集市记忆、古戏台、古槐树、休闲交往、兴教寺、传统民居商铺	基本不变	略有改变	基本不变	高
	东寨门广场	交通节点、"街子门"记忆、传统民居商铺	基本不变	部分改变	部分改变	中
滨水	玉津桥头	交通节点、小庙、古桥、黑潓江、戏水捉鱼、田野山水	基本不变	略有改变	部分改变	较高
	兰林阁古树水景广场	商业景观、古树、水池、酒店休憩、小学校园和种植园记忆	改变	改变	改变	低

（3）寺登村场所依恋研究设计

　　课题组于 2020 年 6 月 4—8 日、2020 年 7 月 11—17 日在沙溪寺登村针对村民和游客的依恋感知比较展开调研分析。主要采取问卷的方式，包括受访者基本信息、村落景观偏好选点、景观依恋感知量表等 3 部分。景观偏好选点调查使用认知地图中的要素图示标记法[80]，请受访者在寺登村详细地图上以排序填空的方式列出"最喜爱的空间场所"，获取受访者对村落景观的偏好数据。此题安排在景观感知量表之前进行，避免景观偏好的选择受到 6 个景观选点的影响。景观依恋感知量基于传统村落景观特征分析与"功能依赖"和"情感认同"经典二维结构进行题项设计，并根据 2019 年 7 月第一次调研中对寺登村当地社会文化特征、区域语言表达习惯的研究发现，对标准量表问卷题项进行了修订。每位受访者需填写 1 份村落整体景观特征感知量表和 7 份景观依恋感知量表（1 份整体依恋感知 +6 个典型景观依恋感知），每个量表包括 4 个题项。采用 Likert 五级量表进行评分调查，分别用 1—5 分代表"很不赞同"到"非常赞同"。

实地调研在村内随机选取受访者，使用平板电脑、现场一对一完成网页问卷。共发放村民问卷 109 份，回收有效问卷 104 份；发放游客问卷 117 份，回收有效问卷 111 份。通过频数分布方法统计受访者的基本信息数据，村民与游客的结果分别如表 2-17、表 2-18 所示。

表 2-17 村民基本信息统计（N=104）

类别	统计变量	分类	人次	百分比
个人背景	性别	男	52	50.0 %
		女	52	50.0 %
	年龄	18 岁及以下	6	5.8 %
		19—44 岁	68	65.4 %
		45—59 岁	24	23.1 %
		60—74 岁	4	3.8 %
		75 岁及以上	2	1.9 %
	文化程度	小学	11	10.6 %
		初中	31	29.8%
		高中	30	28.8%
		大学	31	29.8 %
		研究生	1	1.0 %
	职业	农民	18	17.3 %
		工人	2	1.9 %
		个体经营者	40	38.6 %
		企业职工	4	3.8 %
		公职人员	10	9.6 %
		学生	21	20.2%
		退休	4	3.8 %
		其他	5	4.8 %
行为特征	原住居民	是	80	76.9 %
		否	24	23.1 %
	从事旅游相关工作	是	41	39.4 %
		否	63	60.6 %
	合计		104	100.0 %

表 2-18　游客基本信息统计（N=111）

类别	统计变量	分类	人次	百分比
个人背景	性别	男	51	45.9%
		女	60	54.1%
	年龄	18 岁及以下	5	4.5%
		19—44 岁	93	83.8%
		45—59 岁	10	9.0%
		60—74 岁	3	2.7%
	文化程度	小学	2	1.8%
		初中	5	4.5%
		高中	10	9.0%
		大学	74	66.7%
		研究生	20	18.0%
	职业	工人	2	1.8%
		个体经营者	26	23.4%
		企业职工	36	32.4%
		公职人员	8	7.2%
		学生	20	18.0%
		退休	8	7.2%
		其他	11	9.9%
	常住地	大理州内	25	22.5%
		云南省内	30	27.0%
		国内	53	47.7%
		国外	3	2.7%
合计			111	100.0%

　　使用 SPSS 软件（Statistical Product Service Solutions）分别对村民和游客的感知量表数据进行信度检验与效度分析，所得各个维度的克隆巴赫一致性 Alpha 系数均大于 0.77，KMO 量数结果均大于 0.87，且巴特利特检验 P 值均小于 0.001，说明问卷结果信度高、显著性强，适合进行因子分析。对各部分数据分别进行主成分提取因子分析，提取结果与理论上的题项分布均一致，说明此次因子提取对原始数据的解释度较为理想，再次证明调研数据的可靠性。

3. 村民与游客对寺登村的场所依恋感知分析

（1）村民对寺登村的场所依恋感知分析

以村民对寺登村的整体景观环境与 6 个典型景观场所共 104 份（728 条）景观依恋感知数据为样本，使用 SPSS 软件进行统计分析。方差分析结果显示：功能依赖（PD）与情感认同（PI）两个维度下，6 个典型景观依恋感知度数据的组间显著性数值均远小于 0.01，表明 6 个典型景观得分均值的差异具有显著性，其均值具有统计学意义。由依恋感知均值统计可知，村民对旅游开发后寺登村整体景观的功能依赖和情感认同的感知度都较高，分别为 4.159 和 4.341，情感认同高于功能依赖感知。各个典型景观中，四方街和玉津桥头的依恋感知度最高，功能依赖维度与情感依赖维度的得分别为 4.418、4.341 与 4.385、4.305，显著高于其余四处景观场所的依恋感知度；寺登主街、南古宗巷、东寨门广场两个维度下的得分区间分别为 4.058~4.192 与 4.079~4.219；兰林阁古树水景广场的依恋感知度（3.849、3.707）最低，显著低于其他各处景观场所。除兰林阁古树水景广场外，其他景观场所的依恋感知度均大于 4，可见村民对旅游开发后寺登村传统村落的景观依恋感知总体较强（表 2-19）。

表 2-19　均值统计与方差分析结果

对象		景观依恋感知	
		功能依赖（PD）	情感认同（PI）
整体景观		4.159	4.341
典型景观	寺登主街	4.058±0.785 bc	4.079±0.807 b
	南古宗巷	4.178±0.709 ab	4.216±0.707 ab
	四方街	4.418±0.662 a	4.385±0.709 a
	东寨门广场	4.192±0.785 ab	4.219±0.818 ab
	玉津桥头	4.341±0.801 a	4.305±0.756 ab
	兰林阁古树水景广场	3.849±0.917 c	3.707±1.008 c
	显著性	0.000	0.000
	F	5.963	8.866

注：相同字母表示二者之间无显著性差异，反之则为有显著性差异。

　　结合实地观察、文献材料、访谈记录等对以上结果进行分析。从功能依赖维度的差异来看，由于开发旅游后各个景观场所对村民生活的支撑各有不同，村民的使用频率、游憩参与度各异，因此产生了不同程度的功能依赖感知：四方街与玉津桥仍然是日常交通、游憩娱乐、节庆集会与敬拜祈福的重要场所，满足着村民生活需求；而南古宗巷、东寨门广场，尤其是寺登主街，承载的主要是旅游商业服务功能，与村民生活需求发生了不同程度的脱节；兰林阁古树水景广场虽是公共开放空间，实际为兰林阁酒店商业街的门厅前院，与村民生活联系较少、功能较为割裂。而在情感认同维度，四方街由于其在村内特殊的区位与核心的文化精神地位、历史记忆深厚、风貌古朴传统，玉津桥头所承载的文化内涵丰富度较高、风景开阔、风格古朴，都使得村民产生了强烈的情感依恋；东寨门广场、南古宗巷、寺登主街保留了传统村落的风貌，但由于旅游商业化程度较高、街道较为喧闹，村民的归属感减弱、情感认同降低，比如东寨门以外进行了景区形式的广场和河道景观建设，这些变化都使村民的情感态度发生了改变；兰林阁古树水景广场作为商业式公共广场，虽然保留了古树并修建了整洁美观的场地，但其空间格局、场所氛围与传统村落格格不入，而且原有的果园、小学校园等村民集体记忆的空间载体被拆除，多数村民表示"极少会到访""不感兴趣"，情感认同感知最低。以上分析表明，村民对寺登村传统景观的依恋感知较高，但旅游发展影响下景观空间场所风貌、功能的变化，尤其是空间环境的改变，会损害村民的景观依恋感知。要想传承村落文化、保护当地传统景观，必须重视对村民日常使用功能的规划，不能任由旅游开发挤占村民的生活空间。仅有情感依恋缺少功能支撑的传统村落会失去乡土的内生活力，无法可持续地保护和发展传统文化。

　　对依恋感知与村民背景特征的相关性进行分析，显著性系数表明：功能依赖感知、情感认同感知、景观依恋感知与受访者个人背景特征中年龄、文化程度、职业、居住身份、是否从事旅游相关工作等变量的相关性显著；仅有情感认同感知与性别具有显著相关（表2-20）。

　　分析发现，村民年龄越大、依恋感知越强，未从事旅游相关工作的村民依恋感知更强，祖辈传承的原住居民对村落景观的依赖感知比非原住居民高，这一特征再次印证了延续传统文脉、留住乡愁记忆对村落发展的重要意义。此外，情感认同与性别呈正相关，证明了女性比起男性会产生更强的情感认同感知。

表 2-20　景观依恋感知与村民背景特征 Spearman 相关性分析

项目		性别	年龄	文化程度	居住身份	从事旅游相关工作
功能依赖	相关系数	0.023	.149**	-.221**	-.138**	.140**
	显著性（双尾）	0.532	0.000	0.000	0.000	0.000
情感认同	相关系数	.074*	.110**	-.161**	-.107**	.109**
	显著性（双尾）	0.046	0.003	0.000	0.004	0.003
景观依恋	相关系数	0.058	.133**	-.198**	-.129**	.131**
	显著性（双尾）	0.120	0.000	0.000	0.000	0.000

（2）游客对寺登村的场所依恋感知分析

以游客对寺登村整体景观环境与 6 个典型景观场所景观依恋感知的 111 份（777 条）数据为样本，使用 SPSS 软件进行统计分析。其中，对 6 个选点的依恋感知度得分进行了均值差异显著性检验：方差分析（ANOVA）结果（表 2-21）显示，功能依赖（PD）与情感认同（PI）两个维度下，依恋感知度数据的组间显著性 α 值均远小于 0.01，表明 6 个典型景观得分均值的差异具有显著性，具有统计学意义。游客对村落景观的依恋感知均值统计显示：村落整体景观的功能依赖感知度为 4.023、情感认同感知度为 3.556，游客对寺登村的功能依恋高于情感认同感知。各个典型景观中，受访游客对玉津桥头与四方街的功能依赖感知最为强烈，感知度分别为 4.027、4.007，其次是南古宗巷、寺登主街和东寨门广场；而情感认同感知度普遍较低，最高的玉津桥头仅为 3.581；兰林阁古树水景广场的功能依恋和情感认同感知度最低（3.099、2.811）、均显著低于其他 5 处景观场所。

结合实地调研与访谈，分析游客对不同景观场所依恋感知度存在较大差异的原因。玉津桥头与四方街较好地保留了厚重的历史意义、古老质朴的人文环境和清静和谐的自然风景，让游客产生了较为强烈的感知；功能上提供了静坐、散步、观景等空间，村落的历史文化底蕴、自然真意、淳朴的人情味更能使游客们放松与共情。南古宗巷有着古道遗风——遒劲的古木、老旧的石板路、古朴的寨门、安静宜人的传统巷道，沿路几乎都是为游客服务的商铺，所以获得了游客较高的

表 2-21　均值统计与方差分析结果

对象		景观依恋感知	
		功能依赖（PD）	情感认同（PI）
整体景观		4.023	3.556
典型景观	寺登主街	3.570±0.839 bc	3.158±0.912 c
	南古宗巷	3.822±0.752 ab	3.349±0.802 abc
	四方街	4.007±0.775 a	3.469±0.867 ab
	东寨门广场	3.523±0.789 c	3.246±0.865 bc
	玉津桥头	4.027±0.843 a	3.581±0.886 a
	兰林阁古树水景广场	3.099±0.932 d	2.811±1.002 d
	显著性	0.000	0.000
	F	20.334	10.243

注：相同字母表示二者之间无显著性差异，反之则有显著性差异。

功能依赖感知；但商业化后乡村真实生活气息单薄，很难让游客产生怀古的思考和亲近的共鸣，所以情感依恋感知不高。寺登主街沿坡而下、环境优美，行道树高大茂盛，流水潺潺、清新明澈，但街边旅游服务商铺集中，商业化较为严重；东寨门低调古朴，历史上入此门赶"街子"的场景仿佛依稀可见，但新建的广场和人工种植景观虽然环境整洁、却与山村古集的传统风貌不相协调，因此，游客对寺登主街与东寨门广场的景观依恋感知较差。景观依恋感知最差的兰林阁古树水景广场，环境整洁、服务品质较高，但并不符合多数游客来到古镇古村的期待和诉求，新建的开放式酒店前庭广场，在游客眼中比不上传统古朴的村落景观风貌和环境氛围。

另外，游客对所有典型景观及村落整体景观的功能依赖感知度均高于情感认同感知度，说明游客与传统村落景观的互动更多停留在环境、设施、资源等功能服务方面，对于精神层面的感知、思想、情感联结还较为欠缺。这与目前乡村旅游的同质化及景观内涵的传递不足有关：游客走马观花式的游览只能够看到乡村景观的物质表现，乡村生活气息渐渐被旅游商业化所冲淡，游客对于其内在的精神特质缺少理解，也无法产生情感上的共鸣和依恋。

将依恋感知数据与游客的个人背景特征进行相关性分析，显著性系数表明：景观依恋感知及功能、情感两个维度与受访者个人背景特征中的性别、文化程度、常住地、来访次数等变量具有相关性（表 2-22）。但各项的相关系数绝对值较小，说明游客背景特征与依恋感知相关程度均较低。总体来看，游客常住地距离沙溪寺登越远、依恋感知越弱；游客来访次数越多、景观依恋感知越强。

（3）村民与游客场所依恋感知的对比分析

村民与游客对寺登村整体景观与各典型景观场所的依恋感知度均值统计结果（图 2-16）显示：游客的依恋感知度显著低于村民，尤其是情感认同维度。这与两个群体自身的经历有关，但同时也说明传统村落心理情境与行为情境层面的内在文化精神并未被有效传递，不能引起游客深度的感知、共鸣与情感认同。同时，村民与游客对不同景观单体的依恋感知有很大差异，说明景观特征、场所使用频率、使用动机、游憩参与度等因素都会影响场所依恋感知[81]，进一步结合实地调研中的观察与访谈，可探究其背后的原因。四方街和玉津桥头是村落的文化精神中心，能满足村民的生活需求与情感依恋，也是游客向往之处。南古宗巷、东寨门广场和寺登主街一定程度上保持了原有风貌，但出现了旅游商业化较重、新建景观不协调、传统乡村生活氛围淡化等问题，村民日常使用的功能被削弱，情感依恋也逐渐淡薄，而缺少内在精神的乡村景观也在一定程度上影响了游客的感知

表 2-22　景观依恋感知与游客背景特征 Spearman 相关性分析

	项目	性别	年龄	文化程度	常住地	停留时长	来访次数
功能依赖	相关系数	-.092*	0.049	-.127**	-.096**	0.052	0.197**
	显著性（双尾）	0.010	0.175	0.000	0.007	0.150	0.000
情感认同	相关系数	-.078*	-0.023	-.102**	-.101**	0.030	0.233**
	显著性（双尾）	0.029	0.530	0.004	0.005	0.405	0.000
景观依恋	相关系数	-.086*	0.013	-.125**	-.106**	0.043	0.229**
	显著性（双尾）	0.017	0.728	0.000	0.003	0.234	0.000

注：**. 在 0.01 级别（双尾），相关性显著；*. 在 0.05 级别（双尾），相关性显著。

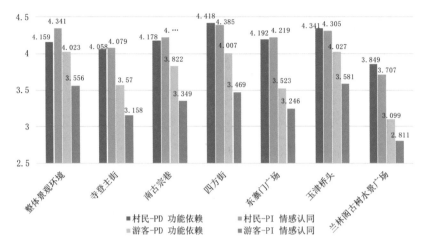

图 2-16 村民与游客的景观依恋感知度对比（图片来源：杨珂 绘）
注：横坐标 - 景观依恋感知研究对象；纵坐标 - 景观特征感知度均值分数。

和认同。兰林阁古树水景广场推翻小学校园、果林与牲口市场的开发行为抹去了原本的乡土生活气息与集体场所记忆，与村落的日常生活与文化精神较为割裂，无法得到村民的情感认同，值得注意的是，虽然兰林阁是为乡村旅游发展新修建的公共开放空间，但游客的景观感知度并不高。

从村落典型景观依恋感知度的空间布局（图 2-17）也可直观看出，景观场所的传统风貌与文化精神保留得越好，村民与游客的依恋感知度都更强。村民与游客对东寨门广场的景观依恋感知度差异值得关注，村民对东寨门广场的感知强弱的位次在 6 个选点中较为靠前（ab/ab），而游客的感知位次则较为靠后（c/bc），说明东寨门对于村民来说是很重要的集体记忆，但硬质广场、公园式种植改换了整体环境风貌，客栈商铺模糊了历史文化焦点，导致大多数游客并未感知到其历史文化内涵。

（4）村民与游客的感知偏好对比分析

根据认知地图的调研结果，统计村民与游客的景观偏好位次及频数分布，对受访者标记出的选点进行赋分计算，对应景观感知量表调查中选定的 6 个典型景观，统计得到各典型景观的景观偏好总分，并将其进行平面空间布局图示化。综合图表统计结果，可见村民与游客对寺登村的景观偏好感知情况基本一致：更偏

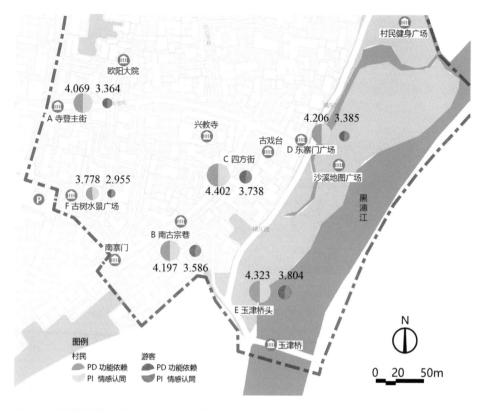

图 2-17　典型景观依恋感知度空间布局（图片来源：杨珂 绘）

爱四方街、玉津桥头等较好保留了传统风貌、功能与文化内涵的景观，而不喜欢兰林阁古树水景广场这样缺乏乡土文化、旅游商业化严重的景观。从空间布局上看，村民与游客对于村落景观的偏好选择主要集中在古村聚落的南部及中部，即历史文化遗存较为丰富的区域，与场所依恋感知的调研结果基本一致（表 2-23）。

4. 提高乡村景观场所依恋感知的策略

（1）合理规划，保护村民的生活空间

传统村落的景观之所以能激发人的美感，在于朴素的自然美，更在于它与人们的生活保持着最为直接紧密的联系而具有的鲜明的地域特色和强烈的乡土气息[82]。在发展旅游的过程中，除了考虑游客的需求，更要着力于维持村民生活与村落景观之间的联系。建议对寺登村进行合理的空间规划，形成"一心—两轴—

表 2-23　村民与游客的景观偏好感知结果统计

偏好位次	村民			游客		
	典型景观	对应的主观偏好选点	总分	典型景观	对应的主观偏好选点	总分
1	四方街	古戏台、四方街、兴教寺	538	四方街	古戏台、四方街、兴教寺	559
2	玉津桥头	玉津桥、黑潓江、河边公园	404	玉津桥头	玉津桥、黑潓江	384
3	东寨门广场	东寨门、地图广场	243	南古宗巷	南寨门、南古宗巷	188
4	南古宗巷	南寨门、南古宗巷	110	东寨门广场	东寨门、沙溪地图广场	175
5	寺登主街	寺登街、欧阳大院	107	寺登主街	寺登街、欧阳大院	128
6	兰林阁古树水景广场	兰林阁（小学、牲口市场）	35	兰林阁古树水景广场	兰林阁商业街、古树水景广场	19

三片一多点"的结构（图 2-18），作为分级分区管理、控制引导保护的依据。在公共文旅区实行分时段管理，处理好村民与游客在空间使用上的矛盾，严格保护并科学管理四方街、兴教寺、古戏台等核心景观场所，保留并合理引导村民"三天一集"、敬拜祈福、文娱演出等传统活动。在生活居住区，保障基础设施建设，满足村民的生产生活需要，保护村民的居住、生活、工作空间。支持传统产业活化发展，保护村落的乡土生活气息和人情味，提高村民对村落景观的感知和认同。

图 2-18　寺登村空间结构规划（图片来源：杨珂 绘）

（2）优化游线设计，提供深度旅游体验

乡村原始秀美的自然景观、悠然淳朴的农耕文明和传奇生动的历史文化，满足了旅游者追寻适意生活、多元体验和传统文化的心理需求。越是自然真实的地域特色、生活气息和文化传统，越能提供感人至深、愉悦有益的旅游体验，激发游客的景观感知和情感认同。目前能够激发游客情感认同的景观氛围与行为情境较为欠缺，说明乡村旅游服务及产品的开发还较浅表。要优化旅游发展模式，变"走马观花"观光游为文化体验深度游，设计能充分展现当地景观风貌与文化精神的游览线路（图 2-19），推出历史、自然、文化等深度体验的旅游服务。通过形象化动态解说、VR 重现历史场景、传统集市与节庆活动、深度乡村生活生产体验营等方式，让游客更全面深刻地感知村落景观与文化。

图 2-19 寺登村游线规划（图片来源：杨珂 绘）

（3）科学管理，进行原真性保护

旅游商业的介入影响了村民原本的生活，改变了村落的客观环境和社会氛围，也在一定程度上降低了村民对村落景观的依恋感知。乡村旅游发展中需要严格管控村落商业化程度、科学限制旅游服务规模；通过人性化的管理延续村落生活的原真性，如分时段管理拦路桩，对村民日常生产生活中养殖、晾晒、摆摊等行为进行精细化管理而非一刀切地禁止，支持传统技艺的创新发展，恢复四方街集市、寺庙祭拜等活动，重新激活寺登村的乡土特色和文化精神。保护村落风貌环境淳朴自然的原真性，在整治村落环境、建设服务设施时必须尊重原有环境，因地制宜，避免过度雕饰；利用寺登村自身山水相映、田野开阔的景观特色与资源特质，还原河滩草地、乡间田野，规划建设必要的小路、汀步、座椅等游览服务设施，用质朴的山野风光、乡村情怀真正留住村民、打动游客。

第四节 乡村景观行为情境的感知

一、游客行为偏好的类型和表现

旅游行为是指旅游者在旅行、游览过程中依据自己的需求和爱好表现出一定的旅游空间行为特性，由旅游条件、旅游者个体动机等构成。乡村景观情景交融的资源特性决定了其游客行为偏好具有较强的文化性、体验性的特征。乡村旅游客源与一般旅游地的客源有较大区别，这种区别不仅表现在客源的数量上，更表现在客源的构成与层次上，如审美感觉、审美心理和文化修养等。近年来，乡村旅游逐渐呈现出从大众游到体验游、从观光游到深度游的发展趋势，游客停留时间延长，喜欢深入当地居民中去，了解当地的文化、风俗、民情、历史和社会，更注重传统村落的原真性和本底性。根据游客行为偏好的特点，可以分为三个主要类型：

(1) 全游性 / 空间性行为偏好：指游客在乡村中的总体空间行为及小空间行为。

(2) 体验性 / 参与性行为偏好：指游客与乡村景观情境的渗透性、交融性表现。

(3) 重游性 / 推荐性行为偏好：指游客对乡村景观情境感知价值的整体反应。

二、乡村景观情境与游客行为偏好关系的模型框架

景观情境感知与人的行为息息相关，景观心理物理学派把"风景—审美"的关系看作是"刺激—反应"的关系，认知学派把风景作为人的认识空间和生活空间来理解，"人—情境互动论"提出 $B=f(P \times E)$，B- 行为，P- 人格，E- 环境（情境），即行为是人和环境变量的函数，认为不同的情境对个体情感反应和内部认知的激活具有不同的影响作用，在与社会环境的交互作用中形成个体独有的行为模式[83]。个体对景观情境的感知与其行为倾向之间的关系研究已经得到理论与实证研究者的广泛支持，厘清游客行为偏好的特征及规律，有助于合理规划乡村旅游线路，实现乡村景观保护与旅游发展的良性互动。研究在前文

对乡村旅游景观情境和景观感知研究的基础上，分析了乡村景观情境感知对游客行为模式的作用途径和机制，并进一步提出模型框架，假设乡村景观情境的三个感知变量与游客行为偏好的三个类型分别存在显著的正相关关系（图2-20）。

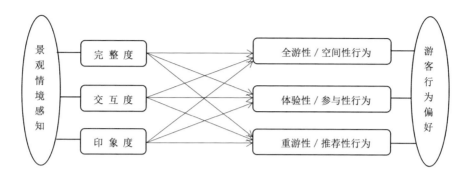

图 2-20 乡村景观情境与游客行为偏好关系的模型框架（图片来源：作者自绘）

三、游客行为偏好的调研方法

游客在乡村旅游中的行为偏好主要包括游览的路径、停留的空间、游憩的节点等。研究突破问卷调研的主观性，以游客在乡村中实际发生的空间行为数据为依据，调查哪些空间和景观是游客最感兴趣的，这些是乡村景观的吸引力所在，也是旅游可持续发展的资源基础。研究方法主要采取现场路径 GPS 跟踪、重要节点空间行为标注以及实验室虚拟现实测试相结合的方式。

（1）指标选取：选取游线长度、游线覆盖率、游览时间、停留时间作为乡村景观行为偏好指标。

（2）指标测定：运用便携式 GPS 对居民和游客在村落中的空间行为轨迹和停留时间进行跟踪测试，定点发放调研问卷和 POMS 量表，获得村民和游客在这一空间节点的空间感受和行为意向。

（3）景观提取：记录游客及居民移动轨迹的空间数据，包括游线的走向、构成、长度、闭合度、重复率，整理沿线主要景观要素；同时，提取人流较密集的空间节点、人流较少的空间节点和游客停留时间长的空间节点，分析这三类景观节点的景观活跃度特征，包括景观空间功能、景观解说系统和景观意向特征。

（4）实验室虚拟现实测试：利用眼动仪、ErgoLAB 人机环境同步系统等现代技术手段，获得游客在观看乡村景观 VR 数字媒体样本后的感受和景观关注点，测试分析预测游客的行为意向，形成"游客行为偏好地图"，厘清对游客具有强烈吸引力的乡村景观的类型、特征及空间分布。

⑤互动关系分析：采用 SPSS13 对 POMS 心理量表值进行数据分析，对 GPS 数据进行空间矢量分析，探索乡村景观对村民和游客空间性行为偏好的影响，寻找旅游发展下不同景观空间的需求强度和使用特征，分析提取具有较高活跃度感知价值的乡村空间类型、景观要素和环境意向特征。

在以上测试分析的基础上，发现乡村景观"三度"价值与空间行为感受之间相互作用的途径和内在规律，提取村民和游客都具有较高感受价值的景观特征：空间形态特征——地域性、景观要素特征——适应性、环境意向特征提取——原真性。

四、皖南传统村落游客行为偏好分析 [84]

1. 基地概况

研究选取位于皖南地区的浙江诸葛八卦村，安徽宏村和江西篁岭村三个不同发展类型的传统村落为研究对象，以寻找景观情境感知与游客行为偏好之间相互作用的内在规律为主线，将景观感受旅游行为的主体与景观环境组织的客体相结合，以游客的全游性/空间性行为偏好、体验性/参与性行为偏好、重游性/推荐性行为偏好为线索，对传统村落景观情境的完整度、交互度、印象度进行了定量化的测度和评价，探讨了乡村景观情境感知价值与游客行为偏好之间相互作用的关系。

这三个村落都已列入中国传统村落名录，具有相近的地域环境、相似的建筑景观风貌和乡土文化特征。村落布局都依山傍水、顺应自然，完美体现了"天人合一"的思想；古民居、书院、祠堂等建筑组群保存完好，青砖、灰瓦、马头墙、肥梁、胖柱、小闺房，是徽派建筑的典型代表；自然山水、庭院营造及木雕、砖雕、石雕等景观环境具有极高的艺术价值，并且依然保留着一些传统的民风民俗和乡土文化。但它们采取的旅游开发模式不同，所处的开发阶段也不同。宏村旅游开发最早、游客最多、商业氛围最浓；篁岭采取产权收购、异地搬迁的方式，村民已全部搬离村落；诸葛八卦村旅游开发程度较低，村民大多居住其中。调研中发现，尽管三个村落具有相似的景观要素和地域特征，但所呈现出的情境氛围却不同，游客的整体感知、游览方式、行为偏好也表现出明显的差异（图 2-21）。

安徽宏村　　　　　　　　浙江诸葛八卦村　　　　　　　江西篁岭村

图 2-21　不同景观情境下的皖南村落（图片来源：张佳琪 摄）

2. 游客行为偏好调研设计

问卷数据采集工作于 2016 年 6—7 月进行，共发放问卷 270 份，剔除因所填信息不全或信息前后矛盾的问卷 28 份，回收有效问卷 242 份（诸葛八卦村 77 份、宏村 85 份、篁岭村 80 份），有效回收率为 89.6%。问卷内容分成两部分：第一部分是被调查游客的个人属性，包括游客的性别、年龄、旅行方式、第一感受等。分析结果表明，游客以中青年游客居多，以距离相对较远的外省游客居多，游客以自由行和自驾游为主，对传统村落的建筑和自然风光赞誉较高（表 2-24）。

问卷的第二部分是对传统村落景观情境"三度"感知及游客"三性"行为偏好的测定。根据已有研究成果，本书对传统村落景观情境的完整度、交互度、印象度及游客的全游性 / 小空间性行为偏好、体验性 / 参与性行为偏好、重游性 / 推荐性行为偏好进行了描述性题项设计，采用里克特五级评分量表，每题下设"完全不赞同""比较不赞同""不赞同""比较赞同""完全赞同"选项。运用 SPSS 软件对调查数据进行统计分析，景观情景感知指标与游客行为偏好指标分类采用因子分析法，对评价指标进行降维后根据题项的分组归纳出公用因子；"三度"感知与游客"三性"行为偏好的相关性分析运用皮尔森（Pearson）相关系数分析法，并运用回归分析法建立了回归预测模型。

3. 游客行为偏好分析

对景观情境感知量表与游客行为偏好量表数据进行信度检验，采用 Cronbach 的 Alpha 系数作为判定标准，分别对总体量表、景观情境感知各维度与游客行为偏好各维度进行信度分析，进一步明确问卷的可靠性，分析得到 Alpha 系数分别

表 2-24　样本游客结构信息表

游客性别	男			女	
	42.4%			57.6%	
年龄 （单选）	23.3%	46.2%	26.4%	11.3%	3.8%
	<18 岁	18～25 岁	26～35 岁	36～50 岁	>50 岁
省份 （单选）	本地	本市	本省	外省	国外
	5.8%	8.3%	19.9%	63.9%	2.1%
实际出游方式 （单选）	全程随团	自由行	自驾	公共交通自助	其他
	9.6%	39.2%	36.3%	5.0%	10.0%
期望出游方式 （单选）	全程随团	自由行	自驾	公共交通自助	其他
	3.7%	41.8%	41.8%	11.0%	1.7%
古村落印象 （多选）	建筑富有历史感		生活气息浓郁	民风淳朴	活动丰富有趣
	75.52%		41.08%	44.40%	7.88%
	富有乡土特色		自然风光优美	其他	
	41.49%		49.38%	3.32%	

为 0.892、0.803、0.783，表明各测量因子内部一致性较高，问卷稳定性良好。进行 KMO 样本适合性检验和巴特利特球形检验，得到 KMO 值为 0.792 与 0.820，球形检验的显著性均为 0.000，说明数据适合进行因子分析。

利用主成分法对量表进行因子提取，以特征值大于 1 为抽取原则，用方差最大法做因子旋转，得到由 10 个题项构成的 3 个公用因子，即景观情境感知的 3 个维度：印象度、完整度、交互度；同理，对传统村落游客行为偏好进行因子提取，得到体验性、全游性、重游性 3 个维度，评价因子分析结果见表 2-25。

采用皮尔森相关系数分析法对假设中的景观情境感知因子和游客行为偏好的关系进行验证。分析结果表明游客重游性行为偏好与情景感知的交互度、完整度、印象度有关，体验性行为偏好和全游性行为偏好只与情景感知的交互度、完整度有关（表 2-26）。

表 2-25 传统村落景观情境感知因子和游客行为偏好因子旋转结果

情景感知因子题项	维度名称			游客行为偏好因子题项	维度名称		
	交互度	完整度	印象度		重游性	体验性	全游性
我觉得这里的民风淳朴	0.757	0.193	0.117	24 我会介绍我的亲戚朋友来这里旅游	0.819	0.213	0.222
我在这里获得了乡村生产生活的体验	0.749	0.115	0.207	22 我对本次旅游整体感觉满意	0.807	0.203	0.106
我和当地人聊天、交流很愉快	0.638	0.387	-0.228	23 我愿意再来这里旅游	0.796	0.116	0.226
我在这里觉得身心很放松、舒适	0.539	0.024	0.467	14 我愿意参与当地的艺术活动	0.076	0.828	0.018
我觉得这里的导览信息比较完善、方便游赏	0.488	0.290	0.430	13 我愿意参与这里的体验性活动	0.163	0.799	0.187
我觉得这里的街巷空间格局保存完好	0.184	0.770	0.166	20 我愿意体验当地人的传统生活	0.201	0.645	0.183
我觉得这里的建筑风貌保存完好	0.084	0.679	0.370	11 我愿意多品尝一些当地的美食	0.133	0.513	0.187
我能够在旅行中对这里的历史文化风俗习惯等有全面的了解	0.264	0.564	0.002	16 我愿意花时间好好了解这里的建筑、民居	-0.021	0.326	0.782
我觉得这里景观环境优美宜人	0.164	0.074	0.840	18 我愿意花时间细心感受这里的自然风光	0.359	0.089	0.763
我觉得这里地域特征很突出	0.006	0.407	0.604	17 这里的街巷和景观很有特色，让人想驻足欣赏	0.342	0.140	0.657

注：提取方法 - 主体元件分析；旋转方法 - 具有 Kaiser 正规化的方差最大法。

　　在相关性分析的基础上，分别对游客重游性行为偏好、体验性行为偏好和全游性行为偏好进行回归分析。在多元回归方程中，因变量是游客行为偏好的"三性"，自变量为景观情境感知的"三度"，方差分析结果显示，3 个回归模型的显著性均为 0.00，说明所有模型具有显著的统计意义。由回归方程系数表（表 2-27）可得除常数外各回归方程的因子系数，T 检验值伴随概率均小于 0.05，3 项回归

表 2-26 传统村落景观情境感知与游客行为偏好相关性分析

项目		交互度	完整度	印象度
重游性	皮尔森相关	.433**	.134*	.372**
	相关性（双尾）	.000	.045	.000
	N	224	224	224
体验性	皮尔森相关	.389**	.230**	-.015
	相关性（双尾）	.000	.001	.826
	N	224	224	224
全游性	皮尔森相关	.160*	.430**	.019
	相关性（双尾）	.017	.000	.777
	N	224	224	224

注：**. 相关性在 0.01 层上显著（双尾）；*. 相关性在 0.05 层上显著（双尾）。

表 2-27 回归方程系数 a

模型		非标准化系数	标准化系数	印象度	T	显著性
		B	标准错误	Beta		
1（a. 变异数：重游性）	（常数）	-2.15E-16	0.054		0	1
	交互度	0.433	0.055	0.433	7.925	0
	完整度	0.134	0.055	0.134	2.454	0.015
2（a. 变异数：体验性）	印象度	0.372	0.055	0.372	6.813	0
	（常数）	-1.84E-16	0.06		0	1
	交互度	0.389	0.06	0.389	6.488	0
	完整度	0.23	0.06	0.23	3.833	0
3（a. 变异数：全游性）	（常数）	4.74E-16	0.06		0	1
	交互度	0.16	0.06	0.16	2.671	0.008
	完整度	0.43	0.06	0.43	7.198	0

方程均具有统计显著性。

重游性／推荐性行为偏好回归方程拟合：

Y1（重游性）=0.372X_1（印象度）+0.134X_2（完整度）+0.433X_3（交互度）

可见，重游性／推荐性行为偏好与景观情境的交互度和印象度显著相关。即游客的重游性和推荐性意愿越强，表明乡村景观交互度感知和印象度感知越高，如具有突出的地域特征、优美的景观环境、淳朴的民风民情、真实的乡村生活、舒适的氛围感受等。值得注意的是，交互度对重游性偏好的影响大于印象度，说明游客更加注重乡村整体氛围感知以及在乡土文化等方面的深度体验。

体验性／参与性行为偏好回归方程拟合：

Y_1（体验性）=0.230X_2（完整度）+0.389X_3（交互度）

可见，体验性／参与性行为偏好与景观情境的交互度显著相关。即游客越愿意并且能够深入了解当地的建筑、艺术、文化和美食，越能够参与当地人的生产生活，说明乡村的景观交互度越高，如景观环境具有较强的观赏性和进入性，乡土文化具有较强的体验性和吸引力等，更容易形成情景交融的整体感知意境。

全游性／小空间性行为偏好回归方程拟合：

Y_1（全游性）=0.430X_2（完整度）+0.160X_2（交互度）

可见，全游性行为偏好与景观情境的完整度感知显著相关。即游客的游线覆盖率越高、游览时间越长，说明乡村的景观完整度越高，如具有完整的景观格局、风貌和丰富的场所精神。

正如《关于乡土建筑遗产的宪章》所强调的，"乡土性几乎不可能通过单体建筑来表现，而是各个地区经由维持和保存有典型特征的建筑群和村落来保护乡土性"，所以保护乡村落景观的完整性与真实性，不仅要关注乡村景观要素单体的保护，更要关注乡村人居环境的整体保护，关注乡土文化和意境氛围的整体表达。在旅游发展的背景下，厘清游客对乡村景观价值的感知途径和内在机制、进而通过规划设计对游客的景观感知行为进行引导，将静态的景观凝视物与动态的行为体验相融合，这不仅有利于乡村旅游的发展，更为乡村景观的保护规划提出了一种新的思路。

第五节 案例分析：四川阿坝理县桃坪羌寨游客行为偏好分析 [85]

一、基地概况

桃坪羌寨位于四川省阿坝藏族羌族自治州理县，以具有防御功能的碉楼聚合民居组团形成，是国家第一批传统村落，2006 年 12 月桃坪羌寨与藏族碉楼联合以"藏、羌碉楼与村寨"纳入《中国世界文化遗产预备名单》中 [86]。桃坪羌寨地处高山河谷，背靠峭壁、临杂谷脑河，其地下水系设计巧妙、布局复杂，与道路、巷道等水路空间共同构成了桃坪羌寨的空间骨架 [87]。由高到低分布的三座碉楼余家舍碉、陈家碉楼和小琼羌家碉楼构成了整个古寨的空间中心。羌寨传统民居一般为三层，屋顶晒台较为平整；一户房屋的墙体常与隔壁房屋共用，使整个羌寨的建筑既有自身的独立性，又具有整体关联性；建筑材料以当地高山片石为主，建筑结构呈"四方锥立体、基础较宽逐步上缩" [88]，具有稳固性。碉楼建造中鱼脊背的设计能分散受力、增强稳定性，使得羌寨建筑经历汶川大地震等几次地震都没有受到损坏 [89]，可见桃坪羌寨在军事防御、结构抗震等方面具有重要的功能。

桃坪羌寨的旅游业从 20 世纪 90 年代逐渐兴起，近年来吸引了众多游客，但在旅游发展中也出现了一些问题，突出表现在游客在羌寨内停留时间较短、对羌寨的建筑及历史文化了解较少、整体游览满意度不高、对当地经济促进有限等方面，其景观特征及存在的问题对于传统民族村寨旅游发展的研究具有较强的代表性。因此，本书选取桃坪羌寨为研究对象，通过跟踪游客在村寨游览时的 GPS 数据，运用离散选择模型对游客的空间行为进行量化分析，了解游客在村寨中的空间行为偏好特征。

二、研究设计

研究于 2021 年 5 月 26 日至 28 日在桃坪羌寨进行了现场调研和数据收集。运用无人机大疆精灵 PHANTOM 进行了桃坪羌寨的航拍，通过倾斜摄影数据获得了村寨清晰的平面图与空间模型，为后续 GPS 信息推演游客行为提供了空间影像支持。在桃坪羌寨入口处，随机向游客发放 GPS 设备并记录相应信息，在游客游览完毕后回收 GPS 设备并请受访者填写调研问卷，获得游客在羌寨活动时产生的空间信息数据。本次调研使用的 GPS 信息收集设备是 MEITRACK-MT90，设定每 30 s 采集一次使用者坐标定位，每小时返回 120 次定位数据；设备可以记录并返回的数据包括使用者的经纬度、海拔高度、速度以及累计里程。调研回收了 162 名游客在桃坪羌寨中的活动路径，共 56 条不同的轨迹（不同游客结伴而行，若轨迹相同，计为 1 条轨迹），约 12.8 万个轨迹点。利用 GPS 信息与空间模型数据确认每条轨迹的时空路径，将时空路径拆分为多次的连续选择后，利用离散行为模型探究哪些景观要素会对游客行为产生影响，分析游客的空间行为偏好（图 2-22）。

图 2-22　桃坪羌寨鸟瞰图（图片来源：阿琳娜 摄）

三、游客空间行为偏好模型

1. 游客空间行为偏好模型的构建要素

研究基于离散选择模型构建桃坪羌寨的游客空间行为偏好模型，离散选择模型基于随机效用理论，能揭示特定条件下个体行为选择与相关影响要素间的定量关系。通过对影响要素 β 值显著性、符号、绝对值大小的分析可以定量判断哪些要素确实影响了行为，影响的方向以及程度 [90]。当数据包含的选择属性不同，效用函数的形式会有所变化，可以产生多项 Logit 模型（multinomial logit model, MNL），多项 Logit 模型也是最简单的离散选择模型形式。决策的主体在选项集中选择 j 的概率为 Prob(choice j)，其模型公式为：

$$\text{Prob(choice } j) = \frac{\exp(U_j)}{\sum_{q=0}^{J} \exp(U_j)}, j=0,\cdots,J$$

其中，选项 J 的效用 U_j 为：

$$U(\text{ alternative } j) = \sum_{i=1}^{n} \beta_i X_i$$

U_j 为选择 j 所获得的效用；β_i 为要素 X_i 的效用系数；X_i 为影响选择的第 i 个要素。

研究主要探究桃坪羌寨的景观要素和空间特征对游客行为的影响，结合问卷调研中游客选择的热门景点分布及路径起止标记，选取 S1 观景台，S2 小琼羌家，S3 杨家大院，S4 川主庙，S5 水磨坊五个景点和 S6 出入口共 6 个备选项。S1 观景台可观赏到以三座碉楼为主要标志物的村寨整体景观格局；S2 小琼羌家中有羌族生活场景陈设以及碉楼等传统建筑，展现了羌族民俗文化景观；S3 杨家大院展示了羌寨地下水网迷宫和羌族传统生活物件，展现了结构主体、功能复杂的传统民居建筑景观；S4 川主庙为当地以前纪念祭祀集会场所，体现了当地居民宗教文化景观；S5 水磨坊保留了传统水磨的结构，展示了当地生产生活类的景观。同时为了标记路径的起止点，选取村寨中游客常用的出入口作为指标 S6，使游客空间行为路径的选择能从入口就开始进行完整记录（图 2-23）。

确定模型构建要素备选项后，根据相关研究和桃坪羌寨本身的特点，确定了影响游客空间行为偏好的要素特征指标。研究证明，景观要素本体特征、可达程度、可见程度会影响游客行为的选择偏好。由于桃坪羌寨的传统建筑、民族民俗文化及依山就势形成的场地环境具有鲜明的特征，所以在研究中选取了"民俗文化""传统建筑""场地类型"作为反映羌寨景观"本体特征"的要素指标；根据羌寨本身复杂的路网结构、地形高差等特征，选取"直达性""穿越性""高差"作为"可达程度"的要素指标。各要素变量对游客空间行为的影响意义与赋值依据见表 2-28。

S1 观景台

观景台处可观赏到的桃坪羌寨全景

S2 小琼羌家

小琼羌家中的羌族生活场景陈设

S3 杨家大院

杨家大院展示的羌族传统生活物件

S4 川主庙

当地传统纪念祭祀集会场所

S5 水磨坊

水磨坊外景

S6 出入口

绿荫下的出入口通道

图 2-23 桃坪羌寨各备选项景观示意图（图片来源：阿琳娜 摄）

表 2-28　景观空间要素特征

指标要素	指标描述	桃坪羌寨指标特征	赋值依据
X₁ 民俗文化	是否展示了民族民俗或特色宗教对空间行为的影响	备选项是否以展示羌族民俗与传统生活方式或本地宗教信仰为主	以此为主 -1 / 不以此为主 -0
X₂ 传统建筑	是否展示了民族特色建筑艺术对空间行为的影响	备选项是否以展示桃坪羌寨建筑空间特色、建造技艺水平或建筑整体体系特征	以此为主 -1 / 不以此为主 -0
X₃ 场地类型	建筑群组、单个建筑体、平台空间不同场地类型对空间行为的影响	建筑群组：场地由多个建筑单体组合搭接而成，内部游览时可穿行于不同建筑空间与平台空间中 单个建筑体：单独的一个建筑作为游览的主体，可以游览建筑全貌 平台空间：游览空间仅为平台，游览主体不是平台而是通过平台游览的其他空间	建筑群组 -3 / 单个建筑体 -2 / 平台空间 -1
X₄ 可视程度	是否能够从其他备选路径中看到该备选项对空间行为的影响	在之前参观的路径中是否可以提前看见下一备选项，如观景平台在入口处就能被看见，小琼羌家中的碉楼在羌寨其他处也可以被看见	可以 -1 / 不可以 -0
X₅ 直达性	是否可从主要道路直接进入场地对空间行为的影响	是否可以从两个备选项间的路径直接进入场地即场地出入口位于主要路径上	是 -1 / 否 -0
X₆ 穿越性	主要路径是否可以穿越场地对空间行为的影响	主要路径是否可以穿越游览场地即游览场地具有两个及以上出入口	是 -1 / 否 -0
X₇ 高差	与之前备选项间路径是否需要攀爬阶梯、上坡道对空间行为的影响	两个备选间的路径是否需要爬坡或者楼梯，如前往观景台需要攀爬阶梯，从观景台前往其他景点需要下楼梯并走一段下坡路	下楼梯 2/ 下坡道 1/ 走平地（整体无明显坡度感知）-0/ 上坡道 -1 / 爬楼梯 -2 /

　　其中，影响因素 X₁ 民俗文化、X₂ 传统建筑、X₄ 可视程度主要由游客选择的备选项属性决定。X₃ 场地类型主要根据备选项的体量进行分类赋值，如场地由多个建筑单体组合而成，内部游览时可穿行于不同建筑空间则赋值为 3；单独的一个建筑作为游览主体则赋值为 2；若场地只是一个平台且主要功能是观赏其他景点，例如 S1 观景台则赋值为 1，各备选项的 X₁、X₂、X₃、X₄ 变量赋值如表 2-29 所示。

表 2-29 X_1、X_2、X_3、X_4 要素的备选项赋值情况

指标要素	S1 观景台	S2 小琼羌寨	S3 杨家大院	S4 川主庙	S5 水磨坊	S6 出入口
X_1 民俗文化·赋值	0	1	1	1	1	0
X_2 传统建筑·赋值	1	1	1	0	1	0
X_3 场地类型·赋值	1	3	3	2	2	0
X_4 可视程度·赋值	1	1	0	0	0	1

可达程度要素指标中，X_5 直达性根据从主要道路是否可以直接进入该空间进行赋值，X_6 穿越性根据主要道路是否穿越该空间进行赋值。各景观空间与主要通道的结构关系及赋值情况如表 3 所示。X_7 高差对空间行为的影响按照游览路径是否需要攀爬阶梯、上坡道等进行分类，需要下楼梯则赋值为 2、下坡道为 1、走平地 (整体无明显坡度感知) 为 0、爬楼梯为 -2、上坡道为 -1。桃坪羌寨具体有 27 种高差情况，其赋值情况如表 2-30 所示。

表 2-30 X_5、X_6 要素的备选项变量赋值情况

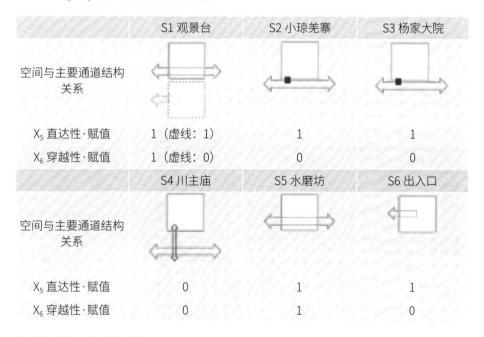

注：箭头为主要路径简化结构，正方形代表场地，红色方块代表场地在主要通道上的出入口。

X_7 高差对空间行为的影响按照两个备选项间路径是否需要攀爬阶梯、上坡道等进行分类，两个备选间的路径需要下楼梯则赋值为 2、下坡道为 1、走平地（整体无明显坡度感知）为 0、爬楼梯为 -2、上坡道为 -1，在由出发点备选项到目的地备选项的过程中，桃坪羌寨具体有 27 种高差情况，其赋值情况如表 2-31 所示。

表 2-31　X_7 要素的备选项变量赋值情况

X_7 高差·赋值		目的地					
		S1 观景台	S2 小琼羌寨	S3 杨家大院	S4 川主庙	S5 水磨坊	S6 出入口
出发地	S1 观景台	/	2	2	/	2	2
	S2 小琼羌寨	-2	/	0	0	-1	1
	S3 杨家大院	-2	0	/	0	-1	1
	S4 川主庙	-2	/	0	/	-1	1
	S5 水磨坊	-2	1	1	1	/	1
	S6 出入口	-2	-1	-1	-1	/	/

2. 桃坪羌寨游客空间选择偏好模型

如图 2-24 所示，结合 GPS 轨迹点在桃坪羌寨倾斜摄影模型上的分布，可以明确游客经过 6 个景观空间的顺序，从而对游客的选择进行拆分、生成选择样本，对选择样本赋值，进而进行模型拟合研究。

图 2-24　景观空间分布情况及对应轨迹在倾斜摄影模型中的分布（图片来源：阿琳娜 绘）

根据以上对游客在桃坪羌寨空间行为影响因素的分析，在模型中对游客每次选择的效用函数定义如下：

$$U_{ij}=\beta_1 X_{1ij}+\beta_2 X_{2ij}+\beta_3 X_{3ij}+\beta_4 X_{4ij}+\beta_5 X_{5ij}+\beta_6 X_{6ij}+\beta_7 X_{7ij}+\varepsilon_{ij}$$

β_1、β_2、β_3、β_4、β_5、β_6、β_7 为影响因素，X_1、X_2、X_3、X_4、X_5、X_6、X_7，在从 i 到 j 的选择中待标定的系数；

X_{1ij}……j 是否展示了民族民俗或特色宗教，是为 1，不是为 0

X_{2ij}……j 是否展示了民族特色建筑艺术，是为 1，不是为 0

X_{3ij}……j 的场地类型（分为 3 类，分别赋值 1、2、3）

X_{4ij}……从 i 到 j 主要路径是否可以穿越 j，是为 1，不是为 0

X_{5ij}……从 i 到 j 是否可从主要道路直接进入 j，是为 1，不是为 0

X_{6ij}……从 i 到 j 及之前其他处到 i 的路径中是否可以看见 j，是为 1，不是为 0

X_{7ij}……从 i 到 j 的路径高差分类（分为 5 类，赋值为 -2、-1、0、1、2）

ε_{ij}……随机效用

四、游客空间选择偏好分析

1. 空间行为总体特征分析

通过对实地调研获取的 12.8 万个轨迹点经纬度、速度、海拔高度及返回时间的汇总分析，可以发现游客在桃坪羌寨的空间行为具有如下特征（图 2-25）：

（1）游客活动的轨迹生成时间主要分布在早上 10 点至下午 5 点，大部分游客的游览时长为 0.5 ～ 1.5 h。

（2）游客活动的轨迹海拔高度主要分布在 1500 ～ 2500 m，与桃坪羌寨 1440 ～ 2500 m 的海拔高度范围[19] 相符合。

（3）游客活动轨迹点在桃坪羌寨的分布热度图表明，游客活动分布的热点主要集中于出入口、观景台、小琼羌家附近位置。

2. 模型拟合结果分析

利用 N-logit 软件对 162 名游客产生的 426 次选择进行计算拟合，结果如表 2-32 所示。模型的 R^2 数值和对数似然数数值都显示模型拟合优度一般，说明游客空

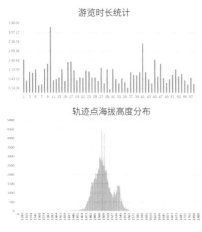

图 2-25 轨迹时长、轨迹海拔高度分布及轨迹点热力分布（图片来源：阿琳娜 绘）

表 2-32 桃坪羌寨游客空间行为模型拟合结果

参数	结果
样本量（N）	426
变量个数（K）	17
对数似然数（LL）	-731.50324
R^2	0.0098

间行为的偏好多样性较高。

可以看到，X_1 民俗文化、X_2 传统建筑与游客空间选择偏好的相关系数为正，说明游客更偏好前往能展示羌族传统民俗与本地宗教信仰、能体现桃坪羌寨建筑空间特色与建造技艺的景观空间。X_5 直达性的系数为正，说明游客更加偏好能从主要游览路径直接进入的场地，对其他如需要经过一座廊桥才能到达的场地偏好程度不高。X_4 可视程度的系数为正，说明游客对于在游览路径中可见的景点选择偏好较高，如小琼羌家中的碉楼和观景台，游客普遍会选择到达游览。

X_3 场地类型、X_6 穿越性、X_7 高差变量与游客空间行为偏好的相关系数为负，说明游客更倾向选择建筑体量小、场地中无路径穿行、无需爬坡或上楼梯进入的景观空间。相较于体量大、建筑交错组合的景点，游客更偏好于观景台等小体量、相对独立、简单的平台空间，说明羌寨内部空间需要更加明晰的标识和导引系统；仅存在 1 个出入口的景点更易被游客选择，说明内部具有明确、完整游览流线的空间更受游客青睐；而当景点之间存在高差时，游客对上坡或者上楼梯的选项选择意愿低，符合人的基本行为规律（表 2-33）。

3. 游客空间选择偏好分析

根据游客空间行为离散选择模型的研究结果，可以发现桃坪羌寨游客空间行为偏好的一些规律和特征。

（1）游客偏好选择能展示羌族民俗文化特色的空间

在桃坪羌寨中，X_1 民俗文化与游客空间行为的相关系数大于 X_2 传统建筑，说明对于游客而言，能体现当地羌族民俗文化与宗教特色的景观空间比仅提供传统建筑游览的空间更具吸引力。结合访谈发现，游客一进入桃坪羌寨，就可以感受到其建筑与建造的技艺，其独特的形态与空间特征可以给游客留下较深刻的视觉印象；而当游客一直在传统建筑和街巷内部游览时，如果下一景点仍然仅为传

表 2-33　游客空间行为偏好模型估计结果

变量	系数	标准误	Z 值	P 值
X_1 民俗文化	0.84914D-13	1.00000	0.00	<0.0001
X_2 传统建筑	0.49567D-13	0.5645D-05	0.00	<0.0001
X_3 场地类型	-0.14675D-11		固定参数	
X_4 可视程度	0.47737D-13	0.28841	0.00	<0.0001
X_5 直达性	0.65582D-13	0.00048	0.00	<0.0001
X_6 穿越性	-0.01260***	0.00012	-106.63	0.0000
X_7 高差	-0.56413		固定参数	

注：nnnnn.D-xx 或 D+xx => 乘以 10 的 -xx 次方 或 +xx 次方；
***, **, * ==> 显著性水平为 1%, 5%, 10%；
该处数值由于早期问题被限制为固定值或具有负标准误。

统建筑单体，其吸引力就会下降。游客表示除了建筑之外，希望能看到更多生动的人文景观，在游览的同时能体验到羌族民俗、传统生活方式与宗教信仰等。如小琼羌家中有展示羌族传统生活的服饰物件与场景，杨家大院的地下水网系统和水磨坊都展示了羌族过去的生活方式，川主庙是当地纪念祭祀集会的主要场所，这些都获得了游客较高的选择偏好。

（2）游客偏好选择具有明确游览线路的空间

通过对 X_3 场地类型、X_5 直达性、X_6 穿越性、X_7 高差与游客选择偏好相关系数的综合分析，可以看到场地本身特征与游客行为的关系，游客在桃坪羌寨游览过程中更喜欢选择体量较小、较少穿越、内部具有明确流线的空间。这与桃坪羌寨自身建筑类型的特征相关，桃坪羌寨中多是体量较小的民居建筑且建筑之间紧密连接，街巷空间类型丰富、组织方式复杂，在缺少明确的导引和解说系统的情况下，游客经常会有"走迷宫"的感觉。游客在狭窄、阴暗的巷道中穿行后，更偏好进入建筑内部游赏。民居内部的空间形式相较于街巷更加丰富、开敞程度更高，游客不但能向远处眺望和游览屋顶晒台、碉楼等空间，还可以从不同角度观察羌寨景观，满足"旷奥相宜"的景观感受需求。但对于通过性不强、无法直达的景观空间，游客选择意愿较低，导致游客无法全面了解羌寨的整体格局和多样的空间特色。

（3）景观可视度对游客空间选择偏好影响程度不高

X_4 可视程度系数为正，说明游客更偏好在游览路径中将可视的景点提前，但相关系数的绝对值是所有因素中最小的，说明景观空间是否提前可视对于游客空间行为偏好影响程度不高。桃坪羌寨内部的建筑形式和街巷空间都以较为狭窄的通道空间为主，游客在村寨内部游览时主要看到的是通道两旁的建筑墙体等，能够观察到更大范围的机会较少。桃坪羌寨的空间特征决定了其外部景观环境的视线开敞度对游客的空间行为影响较小，而建筑内部、文化特征、指引和解说系统成为吸引游客、引导游客游览行为的重要因素。

参考文献

[1] 李开然，央·瓦斯查．组景序列所表现的现象学景观：中国传统景观感知体验模式的现代性 [J]. 中国园林 ,2009(5):29-33.

[2] 冯纪忠．人与自然——从比较园林史看建筑发展趋势 [J]. 中国园林 ,2010,26(11):25-30.

[3] 冯纪忠．意境与空间 [M]. 北京：东方出版社 ,2010.

[4] 刘滨谊．风景旷奥度——电子计算机、航测辅助风景规划设计 [J]. 新建筑 ,1988(3):53-63.

[5] 谢彦君．旅游体验的情境模型：旅游场 [J]. 财经问题研究 ,2005(12):64-69.

[6] 黎启国，佘果辉．历史情境背景下的叙事性景观建构思考——历史情境背景下的叙事性景观建构思考 [J]. 建筑与文化 ,2015(12):194-195.

[7] 罗雨雁，王霞．景观感知下的城市户外空间自然式儿童游戏场认知研究 [J]. 风景园林 ,2017(3):73-78.

[8] DANDY N, VAN DER WAL R. Shared appreciation of woodland landscapes by land management professionals and lay people: an exploration through field based interactive photo-elicitation[J]. Landscape and Urban Planning, 2011(102): 43-53.

[9] RYAN R L. Comparing the attitudes of local residents, planners, and developers about preserving rural character in New England[J]. Landscape and Urban Planning, 2006(75): 5-22.

[10] 凯文·林奇．城市意象 [M]. 方益萍，何晓军，译．北京：华夏出版社 ,2001.

[11] BERLEANT A, BOURASSA S C. The aesthetics of landscape[J]. Journal of Aesthetic Education, 1991, 28(1):115.

[12] 刘滨谊，张亭．基于视觉感受的景观空间序列组织 [J]. 中国园林 ,2010(11):31-35.

[13] 诺伯舒兹．场所精神——迈向建筑现象学 [M]. 施植明，译．武汉：华中科技大学出版社 ,2010.

[14] 俞孔坚．景观：文化、生态与感知 [M]. 北京：科学出版社 ,1998.

[15] 刘滨谊，司润泽．基于数据实测与 CFD 模拟的住区风环境景观适应性策略——以同济大学彰武路宿舍区为例 [J]. 中国园林 ,2018(2):24-28.

[16] 刘滨谊，魏冬雪．城市绿色空间热舒适评述与展望 [J]. 规划师 ,2017,33(3):102-107.

[17] 薛申亮，刘滨谊．上海市苏州河滨水带不同类型绿地和非绿地夏季小气候因子及人体热舒适度分析 [J]. 植物资源与环境学报 ,2018,27(2):108-116.

[18] DANIEL T C. Whither scenic beauty? Visual landscape quality assessment in the 21st century[J]. Landscape & Urban Planning, 2001, 54(1-4): 267-281.

[19] 刘滨谊. 风景景观环境——感受信息数字模拟 [J]. 同济大学学报 : 自然科学版 ,1992,20(2):169-176.

[20] LANGE E. The limits of realism: perceptions of virtual landscapes[J]. Landscape & Urban Planning, 2001, 54(1-4): 163-182.

[21] JIANG B, CHANG C Y, Sullivan W C. A dose of nature: tree cover, stress reduction, and gender differences[J]. Landscape & Urban Planning, 2014, 132: 26-36.

[22] 刘滨谊 , 范榕. 景观空间视觉吸引要素及其机制研究 [J]. 中国园林 ,2013,29(5):5-10.

[23] D LI, SULLIVAN W C. Impact of views to school landscapes on recovery from stress and mental fatigue[J]. Landscape and Urban Planning, 2016, 148: 149-158.

[24] 刘滨谊 , 张德顺 , 张琳 , 等 . 上海城市开敞空间小气候适应性设计基础调查研究 [J]. 中国园林 ,2014,(12):17-22.

[25] 莫娜 , 张伶伶 . 存在主义哲学语境中的传统景观意境研究 [J]. 中国园林 ,2010(7):51-53.

[26] 李渌 , 雷冬霞 , 瞿洁莹 . 历史情境的传承与再现——朱家角古镇保护探讨 [J]. 规划师 ,2007,23(3):54-58.

[27] MURPHY P E, PRITCHARD M P, SMITH B. The destination product and its impact on traveler perceptions[J]. Tourism Management, 2000, 21(1): 43-52.

[28] 张宏梅 , 洪娟 , 张文静 . 旅游目的地游客感知价值的层次关系模型 [J]. 人文地理 ,2012(4):125-130.

[29] HUANG S C L. Visitor responses to the changing character of the visual landscape as an agrarian area becomes a tourist destination: Yilan County, Taiwan[J]. Journal of Sustainable Tourism, 2013, 21(1): 154–171.

[30] 李文兵 . 古村落游客忠诚模型研究——基于游客感知价值及其维度视角 [J]. 地理研究 ,2011,30(1):37-48.

[31] BAJS, I P. Tourist perceived value, relationship to satisfaction, and behavioral intentions: the example of the Croatian tourist destination Dubrovnik[J]. Journal of Travel Research, 2015,54(1): 122-134.

[32] WILLIAMS P, SOUTAR G N. Value, satisfaction and behavioral intentions in an adventure tourism context[J]. Annals of Tourism Research, 2009, 36(3): 413-438.

[33] 郑玉凤 . "多感" 视角下江南古镇旅游和景观体验研究 [D]. 北京 : 北京林业大学 ,2015.

[34] 董芦笛 , 樊亚妮 , 刘加平 . 绿色基础设施的传统智慧 : 气候适宜性传统聚落环境空间单元模式分析 [J]. 中国园林 ,2013,29(3):27-30.

[35] LENZHOLZE S. Immersed in microclimatic space: microclimate experience and perception of spatial configurations in Dutch squares[J]. Landscape and Urban

Planning, 2010, 95:1-15.

[36] CHENG V, NG E, CHAN C, et al. Outdoor thermal comfort study in a sub-tropical climate: a longitudinal study based in Hong Kong[J]. International Journal of Biometeorology, 2012, 56(1): 43-56.

[37] 李丽, 陈绕超, 孙甲朋, 等. 广州大学校园夏季室外热环境测试与分析 [J]. 广州大学学报: 自然科学版, 2015(2):48-54.

[38] LEE H, MAYER H, CHEN L. Contribution of trees and grasslands to the mitigation of human heat stress in a residential district of Freiburg, Southwest Germany[J]. Landscape and Urban Planning, 2016, 148(1): 37-50.

[39] 朱岳梅, 姚杨, 马最良, 等. 室外环境热舒适性模型的建立 [J]. 建筑科学, 2007(6):1-3.

[40] 刘滨谊, 魏冬雪, 李凌舒. 上海国歌广场热舒适研究 [J]. 中国园林, 2017,33(4):5-11.

[41] 马椿栋, 刘滨谊, 张琳. 水乡聚落公共空间小气候感受评价——以同里古镇为例 [J]. 住宅科技, 2019,(8):58-63.

[42] 黄耀志, 傅德仁, 郑婷婷. 苏南水网地区历史古镇规划途径探析 [J]. 现代城市研究, 2014(6):31-36.

[43] 张德顺, 李宾, 王振, 等. 上海豫园夏季晴天小气候实测研究 [J]. 中国园林, 2016,32(1):18-22.

[44] 杨峰, 钱锋, 刘少瑜. 高层居住区规划设计策略的室外热环境效应实测和数值模拟评估 [J]. 建筑科学, 2013,29(12):28-34,92.

[45] 薛海丽, 唐海萍, 李延明, 等. 北京常见绿化植物生态调节服务研究 [J]. 北京师范大学学报 (自然科学版),2018,54(4):517-524.

[46] 丁一, 贾海峰, 丁永伟, 等. 基于 EFDC 模型的水乡城镇水网水动力优化调控研究 [J]. 环境科学学报, 2016,36(4):1440-1446.

[47] 冷红, 马彦红. 应用微气候热舒适分区的街道空间形态初探 [J]. 哈尔滨工业大学学报, 2015,47(6):63-68.

[48] 张德顺, 王振. 天穹扇区对夏季广场小气候及人体热舒适度的影响 [J]. 风景园林, 2018,25(10):27-31.

[49] 邵钰涵, 刘滨谊. 城市街道空间小气候参数及其景观影响要素研究 [J]. 风景园林, 2016(10):98-104.

[50] 林箐, 王向荣. 地域特征与景观形式 [J]. 中国园林, 2005,21(6):16-24.

[51] 张琳, 杨珂, 刘滨谊, 等. 基于游客和居民不同视角的江南古镇景观地域特征感知研究——以同里古镇为例 [J]. 中国园林, 2019,35(1):10-16.

[52] 阳建强, 冷嘉伟, 王承慧. 文化遗产推陈出新——江南水乡古镇同里保护与发展的探索研究 [J]. 城市规划, 2001,25(5):50-55.

[53] 饶晖, 洪杰, 卢波. 江南水乡小城镇形象特色规划——以苏州同里镇为例 [J]. 安徽农

业科学 ,2009,37(33):16642-16644,16683.

[54] 阳建强 , 冷嘉伟 , 王承慧 . 文化遗产推陈出新——江南水乡古镇同里保护与发展的探索研究 [J]. 城市规划 ,2001,25(5):50-55.

[55] 鲍莉 . 适应气候的江南传统建筑营造策略初探——以苏州同里古镇为例 [J]. 建筑师 ,2008(2):5-12.

[56] 饶晖 , 洪杰 , 卢波 . 江南水乡小城镇形象特色规划——以苏州同里镇为例 [J]. 安徽农业科学 ,2009,37(33):16642-16644,16683.

[57] 刘莉 , 陆林 . 同里镇居民旅游感知调查分析 [J]. 安徽师范大学学报 (自然科学版),2006,29(4):395-398.

[58] 周年兴 , 梁艳艳 , 杭清 . 同里古镇旅游商业化的空间格局演变、形成机制及特征 [J]. 南京师大学报 : 自然科学版 ,2013,36(4):155-159.

[59] 陈泳 , 倪丽鸿 , 戴晓玲 , 等 . 基于空间句法的江南古镇步行空间结构解析——以同里为例 [J]. 建筑师 ,2013(2):75-83.

[60] 相西如 , 李丽 . 古镇型景区历史文脉传承与发展途径的探讨——以太湖风景名胜区苏州同里景区为例 [J]. 中国园林 ,2011,27(2):78-81.

[61] 保罗 · 戈比斯特 , 杭迪 . 西方生态美学的进展 : 从景观感知与评估的视角看 [J]. 学术研究 ,2010(4):2-14,159.

[62] 张琳 , 张佳琪 . 传统村落景观情境感知与游客体验质量的关系研究——以宏村、篁岭村、诸葛八卦村为例 [J]. 建筑与文化 ,2017(7):186-188.

[63] 吴必虎 . 基于乡村旅游的传统村落保护与活化 [J]. 社会科学家 ,2016(2):7-9.

[64] ALTMAN I, LOW S M. Place attachment[M]. New York, U.S.A.: Plenum Press, 1992.

[65] WILLIAMS D R, ROGGENBUCK J W. Measuring place attachment: some preliminary results[Z]. Proceeding of NRPA Symposium on Leisure Research, San Antonio, TX, 1989.

[66] WILLIAMS D R, VASKE J J. The measurement of place attachment: validity and generalizability of a psychometric approach[J]. Forest Science, 2003, 49(6): 830-840.

[67] 唐文跃 , 张捷 , 罗浩 , 等 . 古村落居民地方依恋与资源保护态度的关系——以西递、宏村、南屏为例 [J]. 旅游学刊 ,2008(10):87-92.

[68] ALTMAN I, LOW S M. Place attachment[M]. New York: Plenum Press, 1992: 17-36.

[69] WILLIAMS D R, ROGGENBUCK J W. Measuring place attachment: some preliminary results[C]// Proceedings of the NRPA Symposium on Leisure Research. San Antonio: [s.n.], 1989: 20-22.

[70] 张琳 , 杨珂 . 基于村民与游客不同视角的传统村落景观感知研究——以云南大理沙溪寺登村为例 [J]. 园林 ,2022,39(7):20-27.

[71] 李文墨 . 云南剑川沙溪古镇——国家历史文化名城研究中心历史街区调研 [J]. 城市

规划 ,2004(6):97-98.

[72] 杨德志 . 沙溪寺登街茶马古道上唯一幸存的古集市 [J]. 中国文化遗产 ,2010(4):72-75.

[73] 王思荀 , 翟辉 , 迟辛安 . 剑川沙溪镇聚落意象探析 [J]. 华中建筑 ,2012,30(4):163-165.

[74] 陈鹏 , 易娜 , 李晓亭 . 大理沙溪古镇传统村落群价值特色研究 [C]// 规划 60 年 : 成就与挑战——2016 中国城市规划年会论文集（08 城市文化）,2016:1185-1197.

[75] 黄印武 . 文化遗产保护的形与神——从沙溪复兴工程实践反思保护与发展的关系 [J]. 建筑学报 ,2012(6):50-57.

[76] 雅克 · 菲恩纳尔 , 纳敏 , 黄印武 , 等 . 复兴茶马古道 : 沙溪坝和寺登村的光彩未来 [J]. 中国文化遗产 ,2006(2):38-48,6.

[77] 克里斯蒂安 · 伦费尔 , 董一平 . 瑞士建筑遗产保护工作者对中国传统村落的思考——沙溪复兴工程谈起 [J]. 建筑遗产 ,2016(2):10.

[78] 杨德志 , 纳敏 . 沙溪复兴工程 [J]. 中国文化遗产 ,2010(4):102-103.

[79] 颜梅艳 , 母彦婷 , 杜钊 . 文化遗产保护视野下的大理白族古村落发展模式探讨——以沙溪寺登村为例 [J]. 云南地理环境研究 ,2015,27(1):31-36.

[80] 戴菲 , 章俊华 . 规划设计学中的调查方法 5——认知地图法 [J]. 中国园林 ,2009,25(3):98-102.

[81] 唐文跃 , 张捷 , 罗浩 , 等 . 古村落居民地方依恋与资源保护态度的关系 : 以西递、宏村、南屏为例 [J]. 旅游学刊 ,2008(10):87-92.

[82] 彭一刚 . 传统村镇聚落景观分析 [M]. 北京 : 中国建筑工业出版社 ,1992.

[83] 周晓虹 . 现代社会心理学史 [M]. 北京 : 中国人民大学出版社 ,1993:203.

[84] 张琳 , 张佳琪 , 刘滨谊 . 基于游客行为偏好的传统村落景观情境感知价值研究 [J]. 中国园林 ,2017,33(8):92-96.

[85] 张琳 , 阿琳娜 . 基于 GPS 数据的民族村寨景观空间游客选择偏好研究——以四川桃坪羌寨为例 [J]. 中国园林 ,2022,38(11):52-57.

[86] 国家文物局公布新《中国世界文化遗产预备名单》[EB/OL].[2006-12-15].http://www.gov.cn/jrzg/2006-12/15/content_470427.htm.

[87] 邢锐 . 川西传统羌寨聚落景观元素感知评价研究 [D]. 雅安 : 四川农业大学 ,2018.

[88] 孙小涛 , 彭洪斌 , 陈洁 . 传统羌式民居建筑特征及稳固性探究——以四川理县桃坪羌寨为例 [J]. 四川文理学院学报 ,2018,28(5):136-141.

[89] 尤国豪 , 郑善文 , 陈喆 , 等 . 空间规划背景下传统聚落生态规划建设智慧与启示——以桃坪羌寨为例 [J]. 北京规划建设 ,2021,196(1):75-79.

[90] 王德 , 王灿 , 朱玮 , 等 . 商业综合体的消费者空间行为特征与评价 [J]. 建筑学报 ,2017,581(2):27-32.

第三章
基于景观保护的
乡村旅游规划方法

第一节 乡村旅游规划的原则 / 第二节 乡村旅游发展相关的政策法规 / 第三节 乡村旅游规划的方法 / 第四节 案例分析：浙江象山县定塘镇乡村旅游总体策划

乡村人居环境的特点决定了乡村游憩有其自身的价值构成，并且贯穿其生态价值、美学价值、文化价值体系之中。旅游发展下的乡村景观感知机制也表明，乡村景观的地域性、真实性、完整性有利于游客和居民形成良好的景观感知和情感依恋，促进乡村景观的保护和乡村旅游的可持续发展。所以，乡村旅游规划的核心是在旅游开发的过程中坚持乡村人居环境背景的整体保护、乡村人居活动的活化传承以及乡村人居建设的因地制宜。

第一节　乡村旅游规划的原则 [1]

《关于乡村景观遗产的准则》（ICOMOS-IFLA，2017）提出了乡村景观保护和发展的行动准则：理解、保护、对变化的可持续管理以及传播景观和遗产价值 [2]，这些准则对于乡村旅游的规划和发展同样具有重要的指导意义。

一、乡村规划要加强对乡村景观价值的理解

《关于乡村景观遗产的准则》强调"所有乡村景观都具有遗产价值，无论是突出价值还是一般价值"。对于全球乡村景观而言，需要理解、保护、持续管理并沟通与传递其景观及其遗产价值。乡村旅游规划最重要的一个工作就是要充分了解乡村人居环境的诸多要素、全面挖掘乡村的自然和人文景观资源、客观评价乡村景观的价值和特征。通过现场实地调研踏勘及对文献资料的收集整理，获取乡村旅游规划的基础资料，如文字记载、口述历史、反映民俗活动及地方曲艺的照片影像、反映空间信息的图纸资料以及服饰、手工艺品等实物，形成乡村景观的数据库。需要注意的是，对乡村景观资源的认识，不能限于传统的旅游资源分类和分级标准，而要从人与自然相互作用、动态发展的视角去看待在乡村环境中产生的一切，包括土地的利用方式、与自然相互作用的乡土智慧、当地特有的历史文化等。既要认识当前乡村景观的状况，更要关注乡村景观的历史演变，尊重其历经时间的变化脉络，尊重乡村景观系统各要素之间过去和现在的联系。这种历史印记及联系反映在乡村的空间、文化、社会、生产以及功能等各个方面，需

要人们看到、听到、感受到、理解到。所以从规划师到地方管理者、从居民到游客，都需要发展相关知识、加强对乡村景观价值的认识和认同。

二、乡村旅游规划要以保护乡村景观价值为前提

随着城镇化的快速推进及乡村旅游的发展，乡村景观及其价值也面临一系列的挑战和威胁。城镇规模的迅速扩展、乡村人口的减少甚至"空心化"，现代农业生产方式的转变、技术的规模化和集约化应用等人口与文化的变化，带来乡村土地利用方式的改变及传统实践、记忆、地方知识和文化的丧失。气候变化、污染及环境质量下降、对不可持续资源的开采等都造成了对乡村土壤、植被和空气质量的负面影响，带来乡村农业生物多样性的丧失。乡村旅游规划需要正视这些威胁和挑战，旅游发展需要有利于保护、传承和传播乡村景观和生物文化多样性，延续和提升乡村景观的适应力和恢复力。

由于乡村景观具有不同维度的价值，其保护与发展的政策必然涉及经济、社会、文化和环境等诸多部门，建议通过法律、规定、经济策略、社区治理、教育培训等方式支持乡村景观保护相关政策的实施。同时，注重国际方法与本地实际的结合与平衡，利用本土智慧寻找实施策略，进行旅游发展中乡村景观的动态保护、适应性改造和可持续管理。而利益相关者对乡村景观及其遗产价值的充分理解并认可，有利于制定合理的乡村景观保护和旅游发展规划，根据近期、中期、远期的管理目标制定行动计划，并对乡村旅游发展的实际情况进行监控，评估实施策略的有效性并做出及时的调整。

三、乡村旅游规划的目标是对乡村景观价值的可持续管理

乡村旅游规划应该承认乡村景观作为有机演进的景观的动态本质，在发展中进行活态保护，尊重生活在乡村中的居民和其他生物物种，珍惜和支持文化多样性以及人类与自然相处的多样化的方法。全面认知乡村旅游发展中的利益相关者，认识到政府、投资商、政府管理者、当地居民、外来游客、外来商户在乡村景观保护及乡村旅游发展中所扮演的角色。尤其是当地居民，他们拥有的人与自然环境的状态、过去和现在的事件、当地的文化和传统以及千百年来探索的技术和实践知识，是乡村可持续旅游的基础。应该发挥乡村旅游对乡村景观保护的促进作

用，带动乡村经济发展和村民生活水平提高。村民良好的生活品质和较高的生活质量有助于乡村文化活动、乡村景观遗产和乡村实践技术的传播和延续。但要协调好乡村景观资源长期可持续利用与村民对于生活品质短期需求（收入提高、住房改善、服务便利等）之间的平衡关系。在乡村旅游发展规划中，应该秉承乡村景观"持续演进"的特征，旅游发展带来的变化应该与乡村景观价值的保护、使用和传播相兼容，与乡村社会的经济发展要求相适应。

同时，乡村旅游的可持续要考虑到乡村景观和城市景观的相互关系。在全世界所有的大都市区，乡村景观都是提升居民生活品质的重要资源，城市居民从乡村景观中获得休闲、康养、农业旅游等综合功能，乡村居民则可以从城市居民那里获得经济机会。旅游规划需要鼓励二者的合作并加以实践，共享乡村景观遗产的知识，同时共同承担保护和管理的责任。鼓励利益相关者对乡村景观保护和乡村旅游发展进行管理和监督，支持乡村景观和乡村旅游的公平治理，建立社会参与的良好的可持续关系。

四、乡村旅游规划要有利于乡村景观的价值传播

通过合理的乡村旅游项目规划及线路设计，创造乡村景观的解说、学习、教育、能力建设、价值阐释和研究活动的机会，向居民、游客、投资商、管理者等利益相关者传播对乡村景观遗产价值的认知。利用多样化的工具、方法和文化实践来支持学习、培训和研究，如定期组织乡村景观价值的讲座，向乡村管理者和村民宣传乡村景观资源保护和乡村旅游的管理知识；加强乡村景观的解说、展示和科普教育，向游客全面解说农业耕作、历史文化、乡土风俗、民间艺术的价值和相关科学知识，通过摄影、绘画、写作、讲故事等多种方式，展现乡村的传统智慧；对村民进行培训，鼓励乡村居民为游客提供乡村景观的讲解服务、开发与乡村景观价值相关联的文化创意产品；遗产专家、多种学科的专业人士、学校、媒体等参与其中，创造多样化的传播传统文化和知识实践的方法和平台。

第二节　乡村旅游发展相关的政策法规

自 2012 年中国共产党第十八次全国代表大会（党的十八大）以来，国家出台了一系列生态文明、乡村振兴、文旅融合发展等方面的政策文件，是乡村旅游发展的重要政策背景和有力支撑。

一、中央一号文件对乡村旅游发展的战略部署

2015 年，中共中央、国务院印发的《关于加大改革创新力度加快农业现代化建设的若干意见》首次提出"积极开发农业多种功能，挖掘乡村生态休闲、旅游观光、文化教育价值。扶持建设一批具有历史、地域、民族特点的特色景观旅游村镇，打造形式多样、特色鲜明的乡村旅游休闲产品。"2016 年中央一号文件《中共中央 国务院关于落实发展新理念加快农业现代化 实现全面小康目标的若干意见》进一步指出："大力发展休闲农业和乡村旅游。""强化规划引导，采取以奖代补、先建后补、财政贴息、设立产业投资基金等方式扶持休闲农业与乡村旅游业发展……"此后，中央一号文件又对发展休闲农业、建立乡村旅游行业标准、推进农业与旅游、教育、文化、康养等产业深度融合发展作出重要的政策指引，并进一步提出要结合乡村休闲旅游的发展，推动农村人居环境整治，保护好历史文化名镇（村）、传统村落、民族村寨、传统建筑、农业文化遗产和古树名木，传承发展提升农村优秀传统文化，创造性转化、创新性发展。如 2019 年中央一号文件《中共中央 国务院关于坚持农业农村优先发展做好"三农"工作的若干意见》提出，"因地制宜发展多样性特色农业，倡导'一村一品''一县一业'""创响一批'土字号''乡字号'特色产品品牌""发展乡村新型服务业""充分发挥乡村资源、生态和文化优势，发展适应城乡居民需要的休闲旅游、餐饮民宿、文化体验、健康养生、养老服务等产业"。在 2021 年《中共中央国务院关于全面推进乡村振兴加快农业农村现代化的意见》中，明确指出要"开发休闲农业和乡村旅游精品线路，完善配套设施。推

进农村一二三产业融合发展示范园和科技示范园区建设"。乡村振兴对乡村旅游的规范化、精品化发展提出了要求，提出农旅融合发展的新途径，要塑造乡村旅游目的地品牌形象，实现从一个村到一个片区、一条特色旅游带的区域化发展，以乡村旅游带动地方社会经济发展。

二、生态文明建设对乡村旅游发展的重要指引

2012 年，党的十八大把生态文明建设纳入中国特色社会主义事业"五位一体"总体布局，首次把"美丽中国"作为生态文明建设的宏伟目标。中国共产党第十九次全国代表大会报告（2017）、《中华人民共和国国民经济和社会发展第十四个五年规划和 2035 年远景目标纲要（2021）》都提出，要加快生态文明体制改革，"推动绿色发展，促进人与自然和谐共生"，实现生态文明建设新进步。一方面，要"提升生态系统质量和稳定性，持续改善环境质量，加快发展方式绿色转型"。另一方面，要达成"优化国土空间开发保护格局"，实现"生产生活方式绿色转型成效显著，能源资源配置更加合理、利用效率大幅提高"和"生态环境持续改善，生态安全屏障更加牢固，城乡人居环境明显改善"的目标。所以，生态文明思想是乡村旅游发展和乡村人居环境建设的重要指引，加强生态文明建设是乡村振兴的有力驱动器。

三、乡村振兴提出保护传统村落和乡村风貌，改善农村人居环境的要求

中国共产党第十九次全国代表大会报告提出"实施乡村振兴战略"的重要部署，2018 年中央一号文件《中共中央 国务院关于实施乡村振兴战略的意见》确定了实施乡村振兴战略的目标任务：到 2020 年，乡村振兴取得重要进展，制度框架和政策体系基本形成；到 2035 年，乡村振兴取得决定性进展，农业农村现代化基本实现；到 2050 年，乡村全面振兴，农业强、农村美、农民富全面实现。2018 年 9 月，中共中央、国务院印发了《乡村振兴战略规划（2018－2022 年）》，提出了乡村"产业兴旺、生态宜居、乡风文明、治理有效、生活富裕"的总要求：统筹城乡发展空间，加快形成城乡融合发展的空间格局；优化乡村发展布局，打造集约高效生产空间，营造宜居适度生活空间，保护山清水秀生态空间，延续人和自然有机融合的乡村空间关系；分类推进乡村发展，不搞一刀切，特色保护型乡村应形成特色资源保

护与村庄发展的良性互促机制。"十四五"规划进一步指出，"强化乡村建设的规划引领，……规范开展全域土地综合整治，保护传统村落、民族村寨和乡村风貌，严禁随意撤并村庄搞大社区、违背农民意愿大拆大建"，"改善农村人居环境，……开展农村人居环境整治提升行动"。通过发展乡村旅游，可以保护青山绿水、传承乡土文化、助力乡村振兴。

四、全域旅游和智慧文旅推动乡村旅游高质量发展

2016 年，国务院印发《"十三五"旅游业发展规划》，提出面对"消费大众化、需求品质化、竞争国际化、发展全域化、产业现代化"的发展趋势，需要"理念创新，构建发展新模式"，加快由景点旅游发展模式向全域旅游发展模式的转变；需要"产品创新，扩大旅游新供给"，"推动精品景区建设，加快休闲度假产品开发，大力发展乡村旅游"。2018 年国务院办公厅印发的《关于促进全域旅游发展的指导意见》指出，发展全域旅游，"将一定区域作为完整旅游目的地，以旅游业为优势产业，统一规划布局、优化公共服务、推进产业融合、加强综合管理、实施系统营销"，实现"旅游发展全域化、旅游供给品质化、旅游治理规范化、旅游效益最大化"的目标。"十四五"规划指出，旅游建设工作需要加快数字建设步伐，"推动智慧旅游发展"，推动购物消费、居家生活、旅游休闲、交通出行等各类场景数字化。全域旅游的重点和着力点在乡村，推动乡村旅游全域化发展，挖掘广大乡村旅游资源潜力，是我国旅游转型升级和可持续发展的必然选择。发展全域乡村旅游就是要把休闲农业和乡村旅游建成新型产业，整合旅游、休闲、农业、商业、文化等相关产业，实现城乡旅游一体化发展。

第三节　乡村旅游规划的方法

乡村景观具有整体性和复杂性，表现出独特的地域特征，是人们身份认同的关键组成部分。作为经过多年乡村实践获得的可持续土地利用的代表，这种土地利用方式因地制宜，保护了土地的自然特征和生物多样性，同时也保持了丰富的文化多样性。乡村旅游的发展为理解、保护和提高乡村景观所具有的有形和无形价值具有重要的意义。可持续旅游发展的视角，为乡村景观价值的保护和利用提出了新的途径，作为一种基于对话和利益相关者合作的新方法，主张整合旅游规划和遗产管理，评估和保护自然和文化资产，发展适当的旅游业（UNESCO, WHC）。

一、保护乡村游憩资源，发现乡村之"美"

坚持生态文明理念、保护青山绿水、保护乡村人地和谐的自然生态系统；树立正确的乡村审美——真实的自然美、田园美、乡土美。乡村环境的美丽是传统乡土体系在过去条件下自然产生的结果而非原因，乡村建设不是外来客眼中风景如画、引发浪漫想象的乡境呈现，而是乡村切实基于环境发生和历史存续的结果[3]。要坚持这种乡村审美的自然特质，使人们产生场所依赖和场所认同，避免形式化、艺术化、美学化的乡村建设倾向。保护好乡村游憩资源，就是要保护好乡村的青山绿水和农业景观的特质，将乡村的自然山水、农田景观、聚居村落、乡土文化作为一个有机的生态系统，保护自然之美、乡土之美，以乡村游憩活动引导乡村绿色发展方式和生活方式，形成生态宜居的乡村游憩背景环境。

1. 保护青山绿水

作为"第二自然""人化自然"，乡村是人类聚居环境形态中对自然干扰最小的一种形式，是人与自然和谐相处的典范。山清水秀、碧空万里、幽雅清静，不仅是践行生态文明的根本，更是乡村景观地域特征的源泉。多样性的自然地理环境和资源条件，制约和影响着乡村聚落的选址、生产生活和文化习俗，才得以形成了各具特色乡村人居风貌。然而调研中发现，一些乡村在旅游发展中开山筑路，在山顶最好的景观点修建宾馆、酒店；硬化水系河岸，建设休闲娱乐设施；砍伐自然林地、大兴土木改造成人工景观，乡村"生态旅游"变成了对乡村生态环境的破坏。乡村旅游发展要坚守生态底线、尊重自然、尊重原貌，保护好乡村的山水、植被、土壤、空气。

2. 保护农业景观

农业景观的特质是乡村人居环境的基底，大江南北不同的地理区位、气候条件、作物品种使各地的农业景观极具地域特色。北方地势平坦、气候干燥，"耕—耙—耢—压—锄"的耕作体系形成了"二粗为耦"的农业景观；江南地区地势低洼、水网密布，围堤筑坝后形成了桑基圩田农业景观；丘陵地区山地崎岖、耕地稀缺，治理坡耕地水土流失后形成了梯田农业景观。这些农业景观是农、林、牧、渔相结合的复合系统，是植物、动物、人类与景观在特殊环境下共同适应与共同进化的结果，凸显了人、天、地、稼之间的关系，体现了人与自然共生的传统智慧。正如联合国粮食及农业组织（FAO）在全球重要农业文化遗产（GIAHS）计划中指出的，"农村与其所处环境长期协同进化和动态适应下所形成的独特的土地利用系统和农业景观，具有丰富的生物多样性，可以满足当地社会经济与文化发展的需要，有利于促进区域可持续发展"[4]。在乡村旅游发展中，要保护好农业基底，坚持"农业＋"的发展思路，不能本末倒置，不能为了营造旅游景观而将农田改为花海，不能为了旅游经营而放弃农业耕种。目前游人可能较少对单纯的农业景观产生兴趣，但是对参与农业体验很感兴趣，可以采取"农＋旅""农＋文"的模式，通过田园观光体验让游客认识到农业景观的价值。以农业景观为根本、以凸显本地特色农业资源为基础展开的乡村旅游和乡村文创产品才有持续发展的生命力。

3. 保护乡土之美

乡村是滋生培育乡土文化的土壤，中华文明的根在乡村。土生土长的历史地理、民俗风情、传说故事、古建遗存、名人传记、村规民约、家族族谱、传统技艺等物质和非物质文化不仅是中华文明的重要组成部分，也是乡村旅游发展的内在灵魂。旅游是一种社会文化交流活动，本地居民在与游客交往的过程中会受到外来文化的影响，游客尤其是城市游客的言谈举止、生活方式、消费观念常常会被认为是一种"时尚文化"，潜移默化地改变着当地村民的观念、对乡土文化造成了一定的冲击。就像新闻报道《世界第一长寿村还能长寿多少年》[5] 里写的，广西巴马"长寿村"的秘诀不仅在于其森林覆盖率高、空气负氧离子高等优越的自然环境，更在于当地百姓良好的饮食习惯、热爱运动的生活习惯等积累了千百年的健康长寿传统，在于其"耕作不辍、平淡寡欲、无为而乐"的生态状态和氛围。然而随着游客的纷至沓来，当地居民渐渐摒弃了原来的文化习俗，影视娱乐代替了"日出而作、日落而息"，过度的商业气息带来村民的人心浮躁，不仅让人担忧：长寿村的传统还能坚持多久？所以，在乡村旅游发展中，重要的是要激发村民的文化自觉和文化自信，使其能够继续热爱、守护并传承优秀的乡土文化。

同时，需发挥乡村旅游对乡土文化多样性保护的积极作用，以旅游发展为契机，深入挖掘乡村历史文化资源，结合旅游项目进行乡土文化的展示、传播和交流。例如，位于张家界中湖乡野溪铺村的"五号山谷"，地处世界遗产武陵源风景名胜区内。以奇峰、怪石、幽谷、秀水、溶洞"五绝"而闻名于世的武陵源，具有多样的生态系统和珍稀的动植物资源，其独特的石英砂岩峰林地貌为国内外罕见，被国际学术界命名为"张家界地貌"。1992 年，武陵源风景名胜区因其独特的自然美和审美重要性价值，以自然遗产标准（iii）（现标准 vii）被列入《世界遗产名录》，同时具有符合世界遗产标准（x）的潜力 [6]。除了地质、地貌及生物多样性的美学和自然科学价值，武陵源还具有丰富的历史遗址、民族文化和乡村景观，幽深的谷壑、茂密的森林中散布着少数民族聚落，呈现出秀美和谐的田园风光。近年来，人们越来越意识到乡村旅游资源是武陵源遗产地的重要组成部分。在保护自然的同时，应该尊重人民群众创造的历史，尊重在自然中生活的人民，保护地方社区的发展权益，将武陵源遗产地的历史文化、社区传统、文化多样性以及文化景观等"地方智慧"纳入武陵源世界遗产地多层次价值体系。乡村旅游是对武陵源遗产旅游的重要补充，可以为游客提供高品质和多样化的游憩机会及体验。

五号山谷是武陵源风景名胜区内乡村景观的典型代表，百亩梯田、乡野民居静静地躺在崇山峻岭之间，山顶陡峭区域主要为山林，山腰缓坡主要为梯田，田林交织，层层递进。树木掩映下，鸡犬相闻、余晖朝露，当地勤劳的村民们耕作着万亩良田，代代传承着土家族的农耕文化。四周高山环绕，生态环境优越，土壤富含硒元素，出产的稻米油滑清香，米饭香甜爽口，被誉为"鱼泉峪贡米"，作为土家族文化的重要组成，反映了传统农业智慧。五号山谷在保护乡村资源的基础上，开展了能够反映其自然山水之美、田园风光之美、乡土民情之美的乡村旅游活动。

（1）"五号山谷"民宿

"五号山谷"的主人是武陵源世代居民，在百年土家族老屋的基础上设计改造了五座民宿，较好地保留了传统土家乡村的特色，黄泥巴糊成的土墙、几十年的老木头家具，看起来就是一间间古朴的农舍。民宿周边没有特意营造人工景观，在改造中坚持不用挖土机、不砍树木、不做假山、不做草皮、不改变山体的原貌，而是完整地保留了极简的乡野景致，推开窗就是良田和美景，走在山谷中处处可见时令野果。全实木建筑与周围的景色融为一体，竹林、蝶舞、荷塘、蛙鸣，游客犹如回到家乡的土屋，完全融入自然，温暖而安心。正式这样的设计，使"五号山谷"保留了武陵源雨墨染山川的自然环境、桃花源般的农耕文化景象以及土家族淳朴的生活意境，吸引了众多游客的青睐。游客增多后，"五号山谷"并没有为了提高经济效益而刻意地进行商业化的经营，而是依然保持着原汁原味的景观风貌和人文特征[7]。

（2）网络认养"鱼泉贡米"

依托五号山谷的农业资源，当地开展了特色农业旅游活动——"认领你的三分地，认领你的鱼泉贡米"。游客可以通过网络预定的方式指定在鱼泉峪贡米种植基地认领一块地（三分地左右），预定成功后，游客可以在五号山参与农事活动，体验耕种的乐趣。游客离开后，客服会发送一个直播账号，认领者可以24小时随时关注到种植情况，通过网络在线观看播种、插秧、拔草、除虫、收割、碾米等种植环节，了解整个生产过程，收获的大米经过加工包装后，快递配送到客户家中（图3-1）[8]。

二、活化乡村游憩空间，尊重乡村之"土"

乡村旅游发展要尊重乡土文化，利益相关者应当遵守各个民族和地方的社会传统和文化习俗，并承认其价值。如果抽离了本地的生活场景、生活经验和历史语境，乡村景观就会变成一种没有传统的符号，这样的乡村从整体格局、空间和

图 3-1　鱼泉峪村"鱼泉贡米"的丰收景象（图片来源：韩锋 等，《世界遗产武陵源风景名胜区》）

景观，到具体的内容和特性，都会失去本地传统乡村的灵魂和特质，趋于同质化，也会失去游憩的吸引力。要延续乡村历史文脉，讲好本地的故事，通过景观设计、项目策划及游线安排，把本地的历史文化整体、生动地表达出来，尊重并体现乡土文化的地方差异性和独特性。要创造多样的乡村游憩空间，通过乡村游憩功能的注入恢复传统文化空间的活力，形成乡村生态、文化、产业、旅游、社区的叠加功能。

1. 健全乡村文化服务体系

乡村旅游发展后，村民的精神文化生活是一个值得关注的社会问题，有些村民靠出租房屋就可以获得很好的经济收益，不用再劳动耕作，闲暇时间增多后更加渴望丰富的文化生活。而另一方面，村落中的公共空间和设施主要为游客服务，当地村民无法休憩、聊天，缺少交流的场所。建议乡村的资源配置和关注度不能只偏重游客的活动需求，更要关注当地居民的文化生活。首先，要完善乡村文化服务设施，如乡村书屋、村史馆、民俗馆、名人纪念馆、村民大舞台等，创造多样的乡村游憩空间。其次，可以引导村民从事有意义的文化活动，如口述历史故事、从事民间手工艺、开展地方戏曲艺术活动等，这样不仅可以促进居民主动地保护优秀传统文化、延续乡村肌理及文化生活，还可以加强村民与村民之间、村民与游客之间的交流，丰富乡村旅游项目活动，使游客获得真实、生动的文化旅游体验。再次，逐步健全乡村文化服务体系，传承民族传统道德、秉承敬畏自然的传统生态智慧，促使居民形成良好的乡风文明，营造和谐的乡村文化旅游环境。

例如上海崇明生态岛在美丽乡村示范村的建设中，梳理和改造了乡村文化空间，每个村子都配备文化长廊、村民活动中心、老年活动室、乡村图书室、妇女之家等，给村民提供了休闲、聊天、聚会的场所，并经常组织地方戏、电影放映、手工编织等娱乐活动和法律咨询、有机农业培训等讲座，丰富村民的活动生活。当地的绿港村有墙绘的传统，村里就请墙绘手艺传人带领村民在广场、小院、公共厕所等外墙做一些适当的美化，调研时看到这些村民有说有笑、兴致盎然地交谈，既丰富了村民的文化生活，又传承了地方记忆（图3-2、图3-3）。

图 3-2 上海崇明乡村文化墙绘（图片来源：作者自摄）

图 3-3 上海崇明乡村文化活动室和文化活动空间（图片来源：作者自摄）

2. 保护传统公共活动空间

宗祠、戏台、集市、水井旁、小河边、打谷场、晾晒空地、村口大树下，是乡村传统的游憩空间，承载着乡村的记忆和村民的情感依恋。旅游发展后，游客的进入、使用者的多元化、乡村生产生活方式的改变，使得这些空间逐渐废弃 [9]，变成了商业店铺、崭新的广场、小清新的咖啡店，乡村民俗活动也失去了依托的场所。建议乡村旅游要关注民风、民俗、民情等非物质文化以及古村落、古建筑、古祠堂等物质文化遗产的保护和利用。同时，保留村民活动的"非正式空间"，尊重村民们的生活习俗，能够在游客使用的同时，给村民的活动留一些空间和时间。可以结合旅游项目、文化创意、节庆活动的开展为传统空间注入乡村游憩功能，提高空间活力、塑造场所精神。

如长兴岛潘石村以橘子种植为特色，近年来结合产业优势发展了橘子采摘、橘子文创产品制作等乡村旅游项目，每逢橘子成熟，上海及周边城市居民纷纷来到"橘子小镇"采摘、休闲。村里结合文旅发展，对村民经常活动的空间进行了优化提升，保留了非正式空间的活动功能，并增设了健身步道、凉亭、座椅等休憩设施，满足村民茶余饭后一起聊天、运动的需要。在风格上又延承了橘子农家特色，景观的色彩也保持统一的橘红色，使游客和村民都产生了强烈的认同感。上海崇明区竖新镇油桥村利用废弃的老宅改造成为"沈探花馆"。沈探花名为沈文镐，曾被雍正皇帝钦点一甲第三名探花，历代父老乡亲引以为荣。在老宅的改造中，坚持尊重历史文化，保留原有建筑形制的原则，请村里的工匠修复了当地特色的屋脊、地面、木构和门窗，恢复了建筑原有结构；空间功能分为探花之"路"、探花之"秀"、探花之"餐"、探花之"寝"、探花之"笔"、探花书"院"、探花之"友"及探花文"斋"等主题，游客可以全面了解"沈探花"的逸闻趣事，村民也可以在这里进行一些文化活动，增加了村民对乡土文化的热爱和自豪感 [10]（图 3-4、图 3-5）。

3. 传承乡村民俗节庆活动

乡村的民俗节庆活动与其自然气候、地理条件、耕作时令、宗教信仰、地方传统等密切相关，是人们在庆祝节日、祈祷丰收、婚丧嫁娶、祭祀祖先等重要事宜中的仪式表达，每个活动举行的背后都有其特殊的缘由及神圣的意义，寄托了村民们世代相传的精神信仰。旅游发展后很多乡村节事活动泛滥化、商业化，日日泼水节、

图 3-4 上海潘石村公共活动空间（图片来源：作者自摄）

图 3-5 上海油桥村"沈探花馆"（图片来源：作者自摄）

夜夜长桌宴，具有特殊意义的节庆变成了一种"表演"，乡村景观日益呈现出一种"舞台化的真实"。由于在为游客提供旅游活动体验时会将一些本质上是私人的东西转化为可供游客消费的东西（传统、家庭习惯、婚礼、仪式、家庭用餐等），存在大量隐私被侵犯的可能性，村民们就将表演和社区生活区分开来：在游客最常游览的"前台"，营造成与当地文化和生活条件类似的样子，满足游客的需求，但不展示与仪式典礼相关的深层次的精神和文化内涵；而在游客无法到达的"后台"，居民则回归真实的生活，不被游客打扰，保护自己真正的文化内容远离游客的注意。世界上很多文化群体都采用了这种"空间两分法"，通过人造的活动和传统来获得游客的关注，其主要目的是保护他们真正的传统。然而，将节庆活动的内容压缩到非常短的时间进行旅游表演，其本质已经发生了变化，导致文化资产的平庸化、文化的真实性受到损害，游客的体验也过于浅表。而当地村民在日复一日的文化活动表演中，这种微妙的变化很容易会造成东道主社区自我异化。所以，建议能够在乡村旅游中尊重真实的、传统的"自然时令"和"村寨节事"[11]，保护当地社区的传统文化价值，避免文化多样性减少、标准化、绅士化。

张家界武陵源"梓山漫居"的做法为乡村旅游促进地方文化发展提供了很好的范例。梓山漫居位于武陵源世界遗产地内的梓木岗林场，封山育林后逐渐破败，与自然遗产地极不协调。在同济大学"世界遗产与可持续旅游"项目组的帮助下，地方政府及各利益相关者更全面地认识了武陵源自然遗产价值，鼓励社区积极参与世界遗产的保护和发展中来。充分利用闲置的土地和废弃的村落空间，依托乡村的自然和文化资源，开展了具有地方民族特色的乡村旅游活动，并进一步发展了乡村手工艺的展示、制作、交流活动，促成了"梓山漫居"从度假村到"武陵源世界遗产保护研究与交流协同中心"的转型[12]。主要内容包括以下几个方面。

（1）农耕文化体验

租赁村民的闲置土地，规划为农耕文化展示与体验基地，村民统一使用生态方式进行耕种，展示了武陵源地域性、民族性、乡土性的农耕文化。

（2）民俗文化展示

设立一座小型民俗博物馆，进行纺织手工作坊的搭建、土家织锦现场演示、土家文化展示、生态文明知识讲座等，让更多游客得以了解、体验当地文化。并布置了传统手工艺品、农产品展示和销售馆，将农产品转型成为旅游新产品，既宣传和展示了当地的民俗文化，又为居民创造了民俗文化旅游产品的收益机会。

（3）社区居民参与

积极支持当地居民参与乡村文化旅游工作，培训、聘用当地居民从事"梓山漫居"协同中心的服务工作，既向当地居民普及了遗产保护的知识，又提高了居民就业率，增加了居民收入，使遗产保护和旅游得到当地居民的更大支持。鼓励居民选用当地特色植物进行景观修复，最大化保留了原始地形地貌，并通过建筑室内设计展示了当地特色的农家文化。

（4）开发文创旅游产品

深入挖掘当地的山区农耕文化、峰林村寨文化、土家织锦艺术、土家饮食文化、土家人文历史，鼓励民间艺人能够主动组织文艺活动，茶余饭后能够跳起土家歌舞、三棒鼓，节日里能够舞起龙灯、狮子舞、傩愿戏。支持民间艺人带领村民进行一些手工艺品的创作和制作，如组织村里的农妇在农闲时间跟随土家织锦的传人一起学习织锦工艺，制作的土家织锦已经在张家界的酒店、商场里面展示销售，既提高了村民的收益，又传承了民间工艺。

"梓山漫居"以世界遗产可持续旅游为指导，为游客提供了博物馆、农家乐和传统农业体验等多种多样的遗产地价值解说及体验方法，也为当地居民提供了就业机会和可持续的经济增长，不仅保护了当地环境，为遗产价值的保护和传播提供了长效的保障，还促进了社区社会、文化、经济和生态的多方位包容性共同增长（图3-6）。

图3-6　左：地方住民在协同中心展示武陵源土家阳戏——"打花灯"；右：宣传开发旅游新产品——织锦服饰（图片来源：韩锋 等，《世界遗产武陵源风景名胜区》）

三、改善乡村游憩环境、提升乡村之"净"

乡村游憩环境应该重保护、轻建设，乡村游憩资源所依赖的是乡村特有自然生态与人文民俗因素，不要过分强调所谓"高品位"的开发；乡村游憩功能的载体主要是对现有民居建筑、乡村聚落设施的改造和活化利用，不能简单将民居置换为商业经营和旅游服务设施，通过设计可以使村民的日常生活空间和旅游者的旅游活动空间共享、融合；提升乡村人居建设的和谐度，加强乡村道路、环卫和基础设施建设，改善乡村环境，满足乡村居民现代化的生活需要，形成宜居的游憩环境支撑。而游憩需求在一定程度上也会推动乡村人居环境建设的改善。

1. 完善乡村基础设施建设

基础设施是乡村人居系统的有机组成部分，是维系聚落存续的重要物质性保障，包括道路交通、电力电信、给水排水、垃圾环卫等生活基础设施，医疗卫生、教育、商业服务、文化康体等公共服务设施，消防设施、防洪排涝、地质灾害防治等安全防灾设施。乡村旅游的发展要以清洁宜人的人居环境作为支撑，而旅游的发展则为乡村基础设施的改造和整体人居环境的优化提升提供了支持。规划需要充分调研、识别在现代社会经济发展条件下，乡村基本生活设施的需求特征及现状问题，以乡村风貌整体保护为前提，提出不同类型生活设施改造提升的具体技术方法和规划管理指引。旅游发展下乡村基础设施的建设，既要规范生活设施建设标准、提高生活设施供给效率、保证适度建设的经济适宜性，更要关注与乡村人居环境的整体协调，基础设施外观要符合乡村整体格局、建筑肌理、街巷尺度的风貌，与聚落建筑的结构、材料、功能相协调，与乡村的历史信息、文化传统、生活方式等非物质文化相协调。同时要尊重自然、充分利用清洁能源及可再生资源等，进行垃圾和污水的集中回收和生态化处理（图 3-7、图 3-8）。

地处香格里拉普达措国家公园的云南迪庆浪茸村，近年来对村里的电力、通讯、给排水、环卫等设施进行了增设和绿色改造，使村民真正从旅游发展中受益。设置了垃圾回收中转房，家家户户都有三级化粪池，对村里的生活垃圾和污水进行了集中处理；铺设了自来水入户管网，进行了水管保温处理，村民不用再上山挑水或解冻冰块来解决用水问题；铺设了煤气管道，进行了厨房的改造，用节能灶代替了小

图 3-7 乡村垃圾处理设施（图片来源：作者自摄）

图 3-8 乡村污水处理设施（图片来源：作者自摄）

火塘，减少了薪柴的使用；架设了太阳能热水器，设置了独立的卫生间；为村民安装了电视、电话、网络，方便了村民的生活。经过改造，浪茸村不仅保护了美丽的自然生态环境，而且极大地改善了居住条件、提升了当地居民的归属感，生态环保、绿色发展的理念深入人心。值得注意的是，乡村基础设施建设不是简单地拆除传统设施、植入现代设施，而是在保护乡村整体风貌的基础上，以宜居、宜业、综合防灾需求为目标，进行历史性与现代性、适应性与可行性相结合的乡村设施改造，避免建设性破坏。在设施承载能力的测算方面，要综合考虑游客和当地居民的需求进行维护与管理，实现乡村风貌保护和生活设施改善现实需求的耦合发展。

2. 保护乡村本土建造特色

乡村本土建造受到地理环境及气候条件的约束，并需要具有丰富的地域文化特色与营造经验，具有较强的"地理环境的适应性、因地制宜的生态性以及源自乡土的地域性"。然而在乡村旅游发展的驱动下，经常会追求、放大乡村的游憩价值，按照旅游的思维范式去"重构"乡村景观，按照外来游客的想象和期待去创造性地"保存"乡村景观，而乡村本来的民间性、草根性和地方性逐渐消失，这也造成了乡村旅游的同质化。[13] 所以，如何在满足居民和游客需求的物质性载体功能及潜在的地域文化价值之间寻求平衡，是改善乡村游憩环境的重点和难点。首先，开展乡村旅游住宿服务不需要新建大量的宾馆、酒店、度假村或重复建设农家乐，可以对现有民居进行保留、修缮、修复，以减轻旅游发展给乡村文化与生态带来的不可逆损害。其次，新建建筑和设施要尊重山水地形等自然条件，保持设施尺度、格局、材质、色彩等，体现历史环境和乡土文化的协调度，建筑风格、材料、工艺以及建造方式体现"原汁原味"，乡村景观要尽量选用乡土树种、凸显本地种植特色，保持可识别的地域性。同时，强调居民与游客的空间共享，在满足游客使用的同时要考虑到本地村民生活的要求，保持本地人的人文风俗、民族传统、生活习惯和社区情景，强调民居功能的活化，针对其不同的特征，通过内部、外部空间或结构的合理调整、改建、加建等方式，赋予其新的功能或意义，使其既能满足居民的相关需求又能体现乡土传统营造的应用与地域文化的传承。

如上海市崇明区新河镇井亭村源于历史上村内的水井和亭子景观，旅游发展中保留了这些传统景观特色，提炼出"井""亭"的景观要素，将其文化寓意融入现代景观的建设中。崇明区港沿镇园艺村家家户户有种植造型黄杨的传统，是远近闻名的"瓜子黄杨之乡"，近年来发展了以黄杨为主题的乡村文旅产业，结合"拆五棚""小三园"等乡村环境整治建设，鼓励村民们以黄杨为特色美化自家庭院和公共空间。原本废弃的河道旁、堆放杂物的院落，都种起了造型黄杨，村民们修剪枝叶、手工造型、自觉维护着乡村景观，一进入园艺村，随处可见这些具有地理标志性的、造型别致的黄杨景观。一座座小井亭、一株株小黄杨，成为村子的标志，也成为吸引游客的重要景观（图 3-9）。

图 3-9　上海崇明井亭村、园艺村的旅游景观（图片来源：作者自摄）

3. 传承乡村传统营造智慧

乡村很多基础设施如古桥、古井、河涌、石板街等传统的排水、防洪设施手段，选址布局因地制宜，体现了乡土传统营造的应用与地域文化的传承；对山水地形等自然条件及建造材料的尊重与依赖，也集中体现了乡村本土的人文风俗、民族传统、生活习惯、村规民约。然而随着社会经济环境的快速变迁和旅游产业的介入，村民的价值观和生活方式也发生了改变，对现代化的城市生活更加向往，很多传统的乡土生态价值观逐渐遭到抛弃，使这些设施逐渐老化、功能衰退，最终被废弃。在乡村基础设施的改造中不能"一刀切"，一味地拆旧建新，更不能为了满足旅游的发展和游客的需求而照搬城市基础设施改造的方法。而是应该合理延续和利用传统生活设施与周边自然环境相融相生的传统营造智慧，结合现代技术手段，强调清洁能源及可再生资源的利用。同时，对于这些体现传统生态智慧的建筑和设施，不能仅仅静态保护，更要活化利用，使这些具有特色的乡村基础设施处于"活态"的维存之中。根据这些设施的特点，分类进行原真性保护、保护性利用、更新性改造。以旅游发展为契机，传承生态营造方法、应用新能源及生态材料、营建乡村低碳社区，既可以美化乡村游憩环境，又可以增加游客对乡土智慧的理解和体验。

黔东南苗族侗族自治州位于贵州省东南部，下辖16个县市，具有丰富的历史文化遗产资源，素有"歌舞之州，百节之乡"的称号，1992年被联合国保护世界乡土文化基金会列入世界少数民族文化保护圈，被誉为"原生态民族文化博物馆"。黔东南苗族侗族自治州拥有409个传统村落，居全国各地市州首位，拥有世界级非物质文化遗产侗族大歌以及苗族蜡染、侗族刺绣、银饰锻制等国家级非物质文化遗产52项，保持着多民族鲜活的原生态农耕文明，是世界苗侗文化遗产保留核心地。

黔东南具有丰富的乡村景观资源和特色农耕文化，在"九山半水半分田"的自然条件下，村民尽可能利用土地种植粮食，并采用稻鱼鸭复合农业生产系统。复合系统的食物链更长、食物网更复杂，能够增加土壤肥力、改善农田生态环境、实现了食物保障，同时也形成了独特的农田景观，从江稻鱼鸭复合系统已入选"全球重要农业文化遗产"保护试点地。

黔东南乡村景观风貌呈现出"苗山侗水"的特征。苗族村寨选址布局灵活，顺应地形、因势利导，建筑避阴向阳、高低错落，通常利用自然形成的山沟或山冲划定界限，村寨与森林、梯田形成山—村—田的布局。侗族村寨多为血缘聚落，根据地形特点，背山、面水、朝阳，一般分为山地型村寨与河谷坪坝型村寨。山地型村寨靠近水源，依山就势层叠营建，河谷坪坝型村寨多选择在河流冲积形成的谷地和小型坪坝处，沿河道走向呈狭长现状分散布局。人们在特定的生产力条件下，利用传统智慧巧妙地处理人与自然、人与社会的关系。侗族先人基于对土地的理解，并秉持崇尚自然、生命平等的理念，认为树木、水源、土地等都充满无形的自然能量。在此基础上，村民们形成了物尽其用的生存技巧、高度集约的生活空间以及自我需求管理的社会制度。

黔东南传统村落旅游规划以优质多样的生态基底、绮丽多姿的自然风光、绚烂古朴的人文胜景、浓郁独特的民族风情为依托，以文旅融合与生态人文复合为导向，以景城交融、产旅互动为抓手，打造以原真自然、文化生态、民俗风情为特色的苗侗民族特色国际康养旅游目的地、国家文化生态保护示范区、国家级原生态民族乡村旅游示范区。主要乡村旅游规划项目包括以下几个。

（1）云端苗乡

采用民俗风情深度体验的旅游模式，保存保护村寨原始风貌，尽量通过原有建筑改建或闲置建筑利用的方式，减少新增设施、避免建设性破坏。在村寨公共空间中为游客提供参与当地生产生活和节庆活动的场所和活动机会，丰富游客体验（图3-10）。

- 基础设施提升——完善直通景区的旅游交通路线，利用原有道路体系连通景区内部景点；在维持村寨原有空间结构和建筑形式的基础上，利用现有建筑改建各类旅游服务设施，避免大规模新建项目。

- 文化特色激活——结合非遗、节庆、生产生活活动，深入挖掘苗族文化特色，开发民俗风情深度体验旅游项目和旅游产品。

- 旅游活动策划——通过多种类型的深度体验旅游活动对苗乡生活进行"情景再现"，保护其生产生活方式，提供多元旅游体验。苗族民俗展示和节庆活动（苗

图 3-10　千户苗寨景观与苗族服饰文化（图片来源：作者自摄）

族古歌、仰阿莎、珠郎娘美），传统生产生活活动（梯田耕作），非遗体验传承活动（苗族蜡染、吊脚楼营造、芦笙制作），回归自然体验互动（登山、垂钓、野餐）等。

（2）璞真侗寨

采用民俗风情深度体验的旅游模式，保留原真的侗寨传统民居形式和公共空间结构，结合传统村落适度建设侗族文化旅游体验设施，游客可以在侗族大歌文化园、侗乡文创园、非遗创意工坊等景点中参与非遗学习活动和艺术活动，在村寨的公共空间中亲自参与、深度体验原真的生产生活和民俗节庆活动（图3-11）。

- 基础设施提升——建设景观公路联通各景点，依托从江、榕江县城和传统村落配套游客服务集散中心、主题民宿、美食餐饮休闲设施。
- 村寨风貌整治——保留民居形式和村寨空间结构，通过"修旧如旧"的方式整治建筑外立面，提升公共空间品质。
- 旅游活动策划——在现有观光游赏基础上策划深度体验旅游活动，例如苗侗节庆（侗年、喊天节、赶歌会等），生产生活活动（开秧门、抬狗），学习和艺术活动（民俗艺术展、歌舞剧、非遗体验班），等等。

图 3-11　侗族村寨景观（图片来源：陈语娴 摄）

第四节　案例分析：浙江象山县定塘镇乡村旅游总体策划

一、定塘乡村旅游资源概况

　　定塘镇位于浙江省象山县中南部，东邻石浦镇、南连晓塘乡、西濒岳井洋、北接新桥镇，隔海与宁海县长街镇相望。定塘距象山县城区丹城 27.5 km，省道茅石公路纵贯全境，南通石浦镇、北接丹城，是象山县南北联系的主通道之一。作为连接宁海、象山、宁波中心城的区域交通枢纽，定塘即将融入宁波市 1 小时交通圈。规划范围为定塘镇所辖行政区域，包括定塘镇镇区和中站、宁波站、叶口山、沙地、田洋湖、洋岙、小湾塘、新岙等 28 个行政村，规划面积为 71.4 km²，其中陆域面积 67.8 km²（图 3-12）。

图 3-12　定塘镇区规划范围图（图片来源：陈敏思 等 绘）

1. 自然资源：依山傍水、花团锦簇

定塘镇拥有以灵岩山为代表的丰富的山体资源，层峦耸翠、风景秀丽。区域内水体资源较为丰富，蜿蜒曲折的河道纵横、池沼密布。生物类旅游资源以花卉、树木为主，虽规模不大，但亮点众多。

2. 农业资源：蔬果之乡、渔歌田园

定塘镇是著名的蔬果之乡，具有品类丰富特色农产品，尤以象山"红美人"柑橘著称。农作物基地和果园已开始结合旅游进行发展，依托大塘港咸淡相混的特殊水质，定塘渔业产业发展迅速。

3. 人文资源：围垦文明、农耕风情

定塘镇人文资源丰富，分布广泛，多为由农耕文化、围垦文化衍生出的建筑设施和民俗传说，体现了多姿多彩的大塘风情。但人文资源普遍等级不高，部分人文资源保存不佳。

规划共梳理出乡村旅游资源点 48 处，按照国家标准评价并无高品质的旅游资源，规划按照自然资源、人文资源、农业资源分类挖掘其资源特质（图 3-13）。

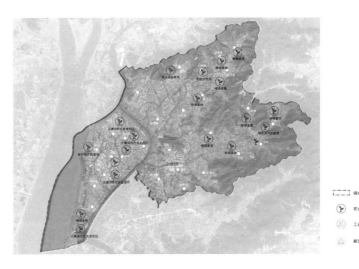

图 3-13　定塘农业产业资源布局图（图片来源：陈敏思 等 绘）

二、定塘乡村旅游发展的 SWOT 分析

1. 发展优势

农业基础好、农产品优势：定塘土地肥沃，农耕文化底蕴丰厚，盛产柑橘、蔬果、水产等，农林用地面积占镇域现状用地的七成以上，"农业 + 旅游业"开发潜力巨大。

乡风淳朴、民俗文化优势：定塘拥有丰富的非遗活动、民俗氛围浓厚、居民参与节庆活动的积极性很高。

自然环境优美、宜居优势：定塘拥有较为丰富的动植物资源，依山傍水、鱼米之乡，自然环境优美，生态环境良好，气候温和。

2. 发展劣势

景观类型单一，缺乏层次：定塘的林相、农田、水系景观单一，纵向景观层次少，缺乏立体感。

缺少旅游体验：定塘的旅游资源已部分开发，但仍处于初级阶段、缺少深度体验的旅游产品，旅游线路、旅游配套设施及旅游产业链都不完善。

旅游用地不足：定塘的基本农田用地较多，城镇发展过度依靠公路建设，对旅游服务设施的设置造成一定的限制，不利于发展新型现代农业与旅游联动。

3. 发展机遇

政策支持：响应美丽乡村、乡村振兴的国家战略，抓住浙江省旅游小镇建设的机遇，作为宁波美丽集镇示范点，政府为定塘镇建设提供了大力支持。

象山县、三门湾区域旅游联动：定塘作为象山大塘港生态影视文化旅游区的组成部分，北靠象山影视文化产业区，南近环石浦港渔文化休闲旅游区，地理区位优越。三门湾区域产品类型丰富，有利于定塘旅游的差异化、特色化发展。

4. 面临挑战

定塘所在区域旅游资源较为丰富、旅游产品较为完善，分流了一部分客源市场。如何以乡村特色经济资源，深入宁波都市圈、长三角等近中程市场，打开广域的市

场客群，是未来定塘旅游发展的难点和突破点。

同质景点竞争：定塘镇与周边乡镇旅游资源类型相似，大部分旅游项目规模、类型、档次等多处趋同，避免同质发展成为定塘的重要问题。

三、定塘乡村旅游发展战略与目标定位

1. 发展战略

通过以上分析，定塘乡村旅游发展将紧紧围绕特色种植的农业产业资源优势，深入挖掘农耕文化、民俗节庆、民间艺术等乡土文化资源，通过多种经营方式吸引当地村民的积极参与、在地发展，以旅游发展带动定塘景观环境品质的提升和人居环境的整体改善（图3-14）。

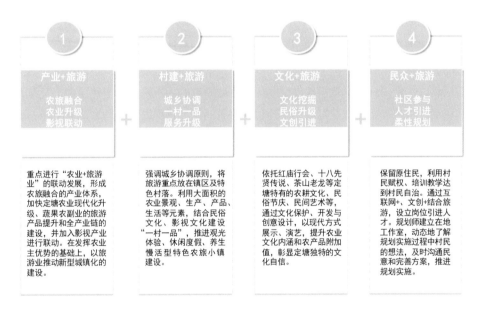

图 3-14　定塘乡村旅游发展战略图（图片来源：陈敏思 等 绘）

2. 目标定位

以乡村振兴、美丽乡村、浙江省旅游风情小镇、宁波美丽集镇建设为契机，依托当地有利的农业基础、农耕文化、民俗文化、宜居环境，借助周边影视产业、渔

港文化的区域联动，发展观光农业和休闲旅游业，将定塘镇打造成为"都市人的后花园、农事体验游乐园"，展开农耕体验游、民俗风情游、乡居慢活游、渔村休闲游、影视互动游等主题旅游，将定塘镇建设成以"农乐、港娱、村居、乡旅"四位一体为特色的象山南部现代化田园乡镇、浙江省旅游风情示范小镇。

3. 旅游形象

将定塘的乡村旅游形象定位为"田蜜定塘、悠然远乡"，重点抓住定塘镇田园风光、农业、蔬果农副产品丰富、乡风淳朴、环境宜人的特色。规划注重当地自然环境、传统人文环境与品质提升建设的结合，在对当地资源进行系统梳理的基础上，对重点发展的村落分别赋予"田蜜"（沙地村）、"定塘"（镇区）、"悠然"（花港村、金牛港村、叶口山村）、"远乡"（中站村、小湾塘村、盛家村）的主题，以"一村一品"为原则，结合时代发展特征，系统打造一个前承传统、后开新貌的当代美丽乡村新愿景。

将定塘镇的自然、人文旅游资源相串联起来，将游子与村民连接起来，充满浓郁的人情味，"看得见山水、记得住乡愁"。保护乡村景观背景、合理组织乡村景观活动、优化提升乡村景观建设。既保护定塘原有的山水格局和自然肌理，又结合其柑橘、水产等特色产业发展体验性强的旅游活动，这样既具有地方产业特色，避免了千篇一律的农业主题乐园模式，又使当地村民能够安居乐业，同时通过支持当地特色文化活动、民俗节庆等，唤起海外游子的思乡之情。这样的乡村旅游，赏之有物、游有所依、民有所乐（图 3-15）。

- 田蜜：田园和农业是定塘的核心竞争力，定塘的本质是乡村，基底是田园。田蜜指从农田基底衍生出的农耕文化、民俗文化，也意指定塘盛产橘子、蔬果等农副产品。
- 悠然：是一种悠然的慢生活方式，是对乡村田园生活的回归。
- 远乡：乡民是淳朴的，乡村是纯粹的，乡愁是醇厚的；定塘，是心灵与都市的缓冲带，是对快节奏城市生活的远离，是蕴养人心的一方水土和乡愁。

四、规划结构与功能分区

规划形成定塘"一心、两带、四组团"的乡村旅游分区结构（图 3-16、表 3-1）：
一心：悠游慢镇服务中心；

图 3-15　定塘旅游发展规划图（图片来源：陈敏思 等 绘）

两带：大户外山地休闲游憩带、大塘港滨水休闲游憩带；

四组团：农耕生活体验组团、浪漫花海休闲组团、现代农业示范组团、多彩大塘游憩组团。

五、乡村旅游项目规划

1. 田蜜：沙地村旅游项目策划

图 3-16　定塘乡村旅游规划结构图（图片来源：陈敏思 等 绘）

沙地村自然环境良好，三面环山、一溪穿村、果树遍野，还有新安寺等人文旅游资源和草莓、柑橘、大塘麦糕等优质特色农产品。沙地村已经在探索"农业＋旅游"的发展模式，沙地休闲观光农业

表 3-1　定塘乡村旅游规划结构

规划结构	功能分区	描述
一心	悠游慢镇服务中心	打造全镇旅游服务中心，完善旅游集散和服务各项要素；打造形象窗口，通过对长塘河的美化、绿化、洁化营造乡村生活氛围与悠游慢镇的形象
两带	大户外山地休闲游憩带	以灵岩山为核心，借助定塘东部优质的自然环境打造户外休闲、游憩、运动等复合业态的山地体验场所；联动周边区镇，打造具有长三角地区区域吸引力的山地运动休闲风情带
	大塘港滨水休闲游憩带	依托大塘港优良水域，对大塘港河岸进行景观优化，打造环大塘港生态绿道慢生活圈；提炼大塘港渔民形象、渔港风情、渔船文化与渔家生活，推出特色渔家节庆，为游客提供丰富的"渔乐"体验
四组团	农耕生活体验组团	充分挖掘定塘的农业优势作为旅游资源，打造赏心悦目的果蔬田野、乡道和主题农庄，成为游客提供农事活动体验、农业文化欣赏等服务的乡村窗口
	浪漫花海休闲组团	以格桑花、油菜花等芳香花卉、观赏植物和经济作物种植为基础，引入婚庆、休闲、度假等文创产业，作为引擎带动定塘旅游发展并打造各种与花有关的精彩节事活动
	现代农业示范组团	对农民开展现代农业生产培训，推广高新农业技术，打造现代农业生产基地和示范点，使其成为广大中小学生学校之外的第二课堂
	多彩大塘游憩组团	依托大塘岛丰富的自然、农业、人文旅游资源，将其打造成全镇旅游建设的主体；挖掘各村特点，差异化发展，以丰富多彩的旅游项目体现大塘风情

示范园集"休闲、生产、游览于一体"，农家旅游发展已有一些基础，但农家客栈的景观风貌较为现代，缺少地域特色和乡村风格。发展定位为"田蜜——果乐沙地村，慢活田园境"。主要游憩项目包括。

- 草莓体验农庄：以草莓为主题，立足亲子教育与休闲体验，开展草莓采摘、草莓加工等多种草莓主题活动。

- 菜心农场：集亲子教育、文创艺术于一体，开展蔬菜园、手工作坊等多种活动，打造小朋友们动手体验、教育成长的乐园。

- 农事体验：时令性的农事体验，春日播种、夏日除草、秋日收获、休闲垂钓等，结合特色农产品进行打造，让游客能玩能购。

2. 定塘：定塘镇区旅游功能服务策划

定塘镇域整体景观风貌较为都市化，主要街道上的建筑高度在 2~4 层，大部分为现代风格的小洋楼，并且部分已完成色彩相间的立面改造。塘河穿过镇区，景观风貌良好，两侧已有绿道建设，镇区还建有花谷公园、古桥公园等公共绿地，已具备一些服务设施，但不完善。定塘旅游发展的主要约束是缺少旅游用地指标，规划在定塘镇区，通过更新改造、功能置换等方式，为游客提供旅游接待服务、特色农产品展示等，成为定塘的旅游集散中心。发展定位为"定塘——乡村慢镇，服务中心"。主要项目包括。

- 游客服务中心：为定塘镇域游客提供景点售票、咨询投诉、摄影照相、导游解说、旅游集散、购物休闲等服务，是全镇旅游开发服务的核心枢纽。

- 长塘河滨河景观：以流经镇域范围的长塘河为依托，治理河道、整治河岸两侧的景观界面，打造品质高、富有野趣的乡村休闲绿道，可供游客骑行、散步。

- 果蔬展销中心：定塘镇特色农产品（如草莓、德国香葱、柑橘等）集中储藏、展示、贩卖的平台。

3. 悠然：花港村旅游项目策划

花港村位于定塘镇西南部，是以柑橘为特色主题的村落。该地区柑橘种植面积大、品质好、名气响，柑橘产业开发较为成熟。象山定塘国维果蔬专业合作社在种植产业的基础上开展了休闲观光，小花港鲍家宅院也吸引了不少游客。规划在此基础上加以拓展延伸，大力发展以柑橘为特色的"农 + 旅"产业，打造特色大塘港旁的甜蜜村落，发展定位为"悠然——温情蜜意小花港"。主要游憩项目包括。

- 植物迷宫：通过植物修剪，形成不同式样的植物迷宫。适合亲子拍照、探索、比赛。

- 橘园漫步景观带：依托花港村特色柑橘资源，修建一条从橘林中穿梭、游览的景观步道。赏橘景，品橘味，闻橘香，成为定塘镇柑橘产业的一道风景线。

- 创意桔温园：展示柑橘培育种植，并鼓励游客在此进行半成品加工、亲子活动体验、橘皮雕刻、自制橘子果糖、橘子汁等活动，适合家庭出行，老少咸宜。

4. 悠然：金牛港村旅游项目策划

金牛港村位于定塘镇西部，布局规整，拥有定塘镇最好的农家庭院，被称为定塘镇"最美庭院"。该村虽然交通、经济较为落后，但是乡土建筑保留较好、乡土特色浓郁，是定塘镇内富有浙江乡村特色、体验村居生活的好地方。发展定位为"悠然——原味农家，惬意金牛港"，主要游憩项目包括。

- 乡野河岸：疏通金牛港村原有北边两条滨水道路，使水景观界面渗透进村庄，北岸有滨水广场，南岸有河口绿地，作为滨水景观的两大节点。
- 怡然村居：充分挖掘各乡土要素，利用当地乡土材料搭建最美乡村样板庭院，吸引城里人前来找寻乡村记忆，享受惬意的村居生活。
- 市民菜地：指定某一区域的田地进行大小不一的分割，让城市居民来认领耕种。工作日内地块由定塘镇当地农民代为照料，节假日市民们可在田地中参与耕种，亲近土地，体验一次农耕生活。

5. 悠然：叶口山村旅游项目策划

叶口山村拥有大塘港、叶口山渔场等自然资源，白鲢鱼物产丰富，现已经形成较为体系化的捕鱼体验—餐饮加工—游客品尝服务一条龙。规划在现有开发的基础上将渔业作为其特色发展乡村旅游，发展定位为"悠然——乡野渔趣，悠然叶口山"，主要游憩项目包括。

- 渔乡文创坊：以叶口山渔业为主题，开展文创活动，邀请游客参与渔家风情体验活动。
- 吃渔家饭：以当季新鲜白鲢鱼、对虾为特色菜，搭配定塘优质果蔬而成定塘特色渔家宴。
- 享渔家乐：通过渔家大排档、晚间渔乐晚会、放孔明灯、烟火表演等活动，在渔排浮木上一边观赏大塘美景，一边品尝大塘港鲜活鱼头，同时领略大塘港渔家风情。

6. 远乡：中站村旅游项目策划

中站村是定塘镇人文资源较为突出的村落，红庙、红廊、陶缸等地是村民们喜闻乐见的活动场所；麦糕、麻糍等特产远近闻名；五月廿七红庙庙会、大塘车灯、刘猛灭蝗、十八先贤等人文活动流传至今。因此，可将民俗文化作为特色进行开发，开展以红庙为中心的民俗文化风情旅游，彩绘陶缸的艺术形式也可延伸发展文创产业。发展定位为"远乡——大塘风情，多彩中站"，主要游憩项目包括。

- 红庙市集：对红庙附近原有集市进行改造，在建筑风貌方面加入大塘红庙的元素，打造一个集文化创意、特色农贸、主题餐饮等多种业态于一体的特色乡村文化市集。
- 舌尖上的大塘：推出以麦糕、麻糍为代表的"舌尖上的大塘"美食系列，开设集旅游商品售卖与制作体验于一体的手工作坊，并定期举办定塘美食节。
- 民俗博物馆：开展彩缸 DIY 活动、彩缸纪念品售卖、艺术家工作室、田间展览场等多种文创活动。

7. 远乡：小湾塘村旅游项目策划

小湾塘村位于定塘镇东北部，旅游发展资源较好。自然条件方面，小湾塘村有良好的山水基底、自然景观丰富，百年古树和格桑花田独具特色。文化方面，以"宗祠文化"为核心的家文化深入人心、传承至今。产业方面，小湾塘村虽以种植蔬菜为主，但是已在农旅结合中做出一些尝试，具有很好的发展潜力。发展定位为"远乡——山水一湾，田园为家"，主要游憩项目包括。

- 小灵岩古道：依托当地灵岩山旅游资源，开辟一条从小湾塘村上山的灵岩登山道通往灵岩古道，为爱爬山的人们提供户外探险、素质拓展、亲子活动的机会。
- 古柳鱼塘：在小湾塘三棵百年古柳和宗祠文化讲堂的基础上，对其进行景观改造和优化，展览馆和传统活动成为小湾塘村特色水域景观。
- "家"工坊：从宗祠文化衍生出的关于"家"文化的景点，鼓励家庭成员共同动手制造蜜酿和创作手工编织，借此增进家庭感情。

8. 远乡：盛家村旅游项目策划

盛家村山环水抱，山水格局较好，由于水系交错形似乌龟，自古就流传着"神龟庇护"的美丽传说。村内具有良好的农田肌理，风吹麦浪、荷塘月色、油菜花海，聚落格局保存完好。盛家村可将神龟传说作为亮点，提托山水环境开展旅游。发展定位为"远乡——神龟顾盼，五美盛家"，主要游憩项目包括。

- 自然之美：提托盛家村良好的农田肌理设置风吹麦浪、荷塘月色、油菜花海等多个自然景观观赏点。

- 传说之美：依托盛家村神龟顾盼的传说，开展莲灯祈福、古树许愿灯活动，借助神龟长寿的意向，寄托人们祈求身体康健的愿望。

- 健康之美：开展自行车骑行等健康活动。

- 村庄之美：临水开展水上集市游购、村庄生活体验活动。

- 农耕之美：打造体验农园，借助《向往的生活》综艺节目，开展"盛家的一天"体验春播秋收的农耕生活（图 3-17）。

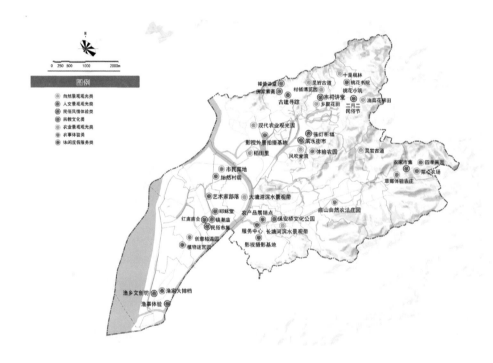

图 3-17　定塘乡村旅游项目策划图（图片来源：陈敏思 等 绘）

六、乡村旅游节庆活动策划

依托定塘的自然资源和文化特色，在传统节庆的基础上新增一些乡村旅游类节庆体验活动，消除乡村旅游季节性的影响，使游客能够获得多样化的旅游体验。传统节庆一般与农历节日或重要农事活动相关，如农历二月初二的"二月二民俗节"，在田洋湖片区举行龙仪式、教牛耕地、炒天外糕、捣麻糍；五至六月的"渔乐节"，在叶口山村进行捕鱼、垂钓、吃渔家宴、渔家篝火晚会、放孔明灯等活动，庆祝捕鱼丰收；农历五月廿七的"红庙庙会"，中站村红庙、大塘港有舞龙狮、游车灯、做麦糕、看社戏、划龙舟等活动；九至十月的"丰收节"，秋收之时在沙地村、盛家村、金牛港村有采摘体验、有机饮食、展示销售等活动。另外，还策划了一些现代乡村旅游节庆活动，如三至四月的踏青节，在新岙村、沙地村进行徒步踏青、草莓采摘；四至六月的"花韵节"，在镜架岙/新岙/小湾塘村有赏花、摄影大赛、诗词比赛和"花约"社交；十月中旬的"柑橘节"，在叶口山村、花港村、小湾塘村进行柑橘采摘、柑橘评比等，从而形成赏花踏青、围垦风情、丰收采摘等多种类型的主题旅游活动。

七、乡村旅游线路规划

根据游憩项目及旅游节庆活动，策划悠然赏花踏青、远乡围垦风情、田蜜丰收采摘、定塘风采等大类、七条乡村旅游线路。

1. 悠然赏花踏青主题季一日游

游览范围主要位于灵岩山、小湾塘村、田洋湖村等，适用时间1—5月，其间有踏青节、二月二庙会、赏花节三大主题节庆，在此期间游玩定塘，可领略到定塘的旖旎春光和独特春俗。主要景点：大塘港滨水景观带—长塘河滨水景观带—庙山农法庄园—草莓体验农庄—农家市集—菜心农场—灵岩山古道—（二月二民俗节）—十里桃林—小灵岩古道—农家市集—古建寻踪。并特别策划了踏青定向越野、草莓采摘、花韵摄影、花情朗诵、花约社交活动等主题游限定项目（图3-18）。

2. 远乡围垦风情主题季一日游

游览范围主要位于中站村、叶口山村、大塘港滨河景观带，适用时间5—8月，其间有红庙庙会以及渔乐节两大主题节庆，在此期间游玩定塘，可体验定塘的渔家风情和围垦文化。主要景点：渔事体验—渔家文创坊—渔家大排档—民俗市集—红

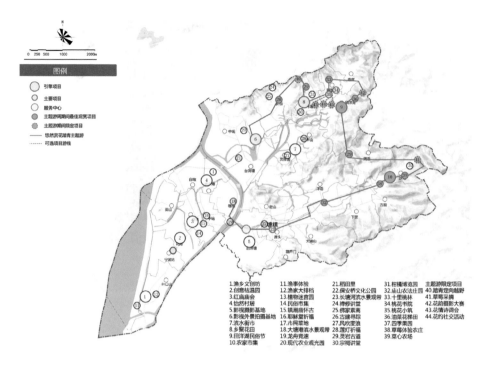

图 3-18　悠然赏花踏青主题季一日游（图片来源：陈敏思 等 绘）

庙庙会—镇潮庙祈福—龙舟竞速—大塘港滨河段—怡然村居。或渔事体验—渔家文创坊—渔家大排档—民俗市集—红庙庙会—镇潮庙祈福—龙舟竞速—长塘河滨河段—古桥公园。并特别策划了渔家篝火晚会、开捕仪式、舞龙狮、游车灯活动等主题游限定项目（图 3-19）。

3. 田蜜丰收采摘主题两日游

　　游览范围主要位于沙地村、花港村、中坭村以及镇域范围，适用时间 10—12 月，其间有柑橘节和果蔬采摘节两大主题节庆，在此期间游玩定塘，可领略到定塘的淳朴和丰收喜悦。主要景点：第一天，创意桔温园—民俗市集—田园养生馆—怡然村居—稻田里—风吹麦浪—盛家村住宿；第二天，灵岩山古道—柑橘博览园—农家市集—菜心农场—镇区果蔬展销中心。并特别策划了柑橘评选、柑橘采摘、有机饮食比赛、丰收采摘体验活动等主题游限定项目（图 3-20）。

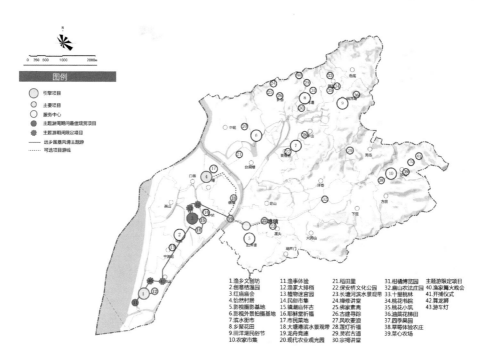

1.渔乡文创坊　　11.渔事体验　　　21.稻田里　　　　31.柑橘博览园　　主题游限定项目
2.创意桔温园　　12.渔家大排档　　22.保安桥文化公园　32.庙山农法庄园　40.渔家篝火晚会
3.红庙庙会　　　13.植物迷宫园　　23.长塘河滨水景观带　33.十里桃林　　　41.开捕仪式
4.怡然村居　　　14.民俗市集　　　24.禅修讲堂　　　　34.桃花书院　　　42.舞龙灯
5.影视摄影基地　15.镇稣庙怀古　　25.佛家素斋　　　　35.桃花小筑　　　43.游车灯
6.影视外景拍摄基地　16.耶稣堂祈福　26.古建寻踪　　　　36.油菜花梯田
7.滨水街市　　　17.市民菜地　　　27.风吹麦浪　　　　37.四季果园
8.乡聚花田　　　18.大塘港滨水景观带　28.莲灯古道　　　38.草莓体验农庄
9.田洋湖民俗节　19.龙舟竞速　　　29.灵吉古道　　　　39.菜心农场
10.农家市集　　　20.现代农业观光园　30.宗祠讲堂

图 3-19　远乡围垦风情主题季一日游（图片来源：陈敏思 等 绘）

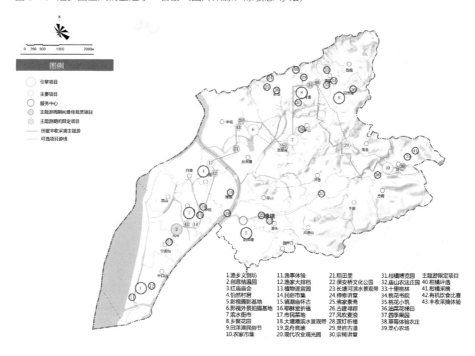

1.渔乡文创坊　　11.渔事体验　　　21.稻田里　　　　31.柑橘博览园　　主题游限定项目
2.创意桔温园　　12.渔家大排档　　22.保安桥文化公园　32.庙山农法庄园　40.柑橘评选
3.红庙庙会　　　13.植物迷宫园　　23.长塘河滨水景观带　33.十里桃林　　　41.柑橘采摘
4.怡然村居　　　14.民俗市集　　　24.禅修讲堂　　　　34.桃花书院　　　42.有机饮食比赛
5.影视摄影基地　15.镇稣庙怀古　　25.佛家素斋　　　　35.桃花小筑　　　43.丰收采摘体验
6.影视外景拍摄基地　16.耶稣堂祈福　26.古建寻踪　　　　36.油菜花梯田
7.滨水街市　　　17.市民菜地　　　27.风吹麦浪　　　　37.四季果园
8.乡聚花田　　　18.大塘港滨水景观带　28.莲灯古道　　　38.草莓体验农庄
9.田洋湖民俗节　19.龙舟竞速　　　29.灵吉古道　　　　39.菜心农场
10.农家市集　　　20.现代农业观光园　30.宗祠讲堂

图 3-20　田蜜丰收采摘主题两日游（图片来源：陈敏思 等 绘）

4. 悠然主题一日游

定塘镇渔业与农业并重，定塘镇人民在日出而作日落而息的劳作中享受宁静的生活。引导游客通过休闲田园游带来参与式体验，体会定塘人的悠然生活。主要景点：渔事体验—渔乡文创坊—渔家大排档—民俗市集—市民菜地—大塘港滨水绿道—长塘河滨水绿道—稻田里—风吹麦浪—影视摄影外拍基地—现代农业观光园（图 3-21）。

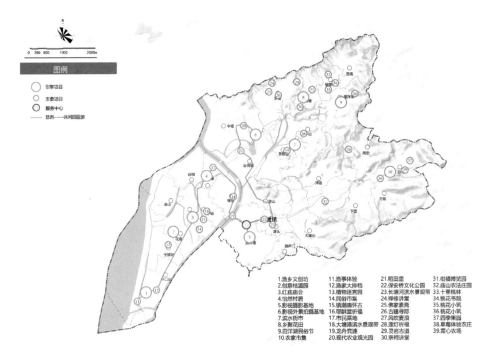

1.渔乡文创坊　　11.渔事体验　　21.稻田里　　31.柑橘博览园
2.创意桔温园　　12.渔家大排档　22.保安桥文化公园　32.庙山农法庄园
3.红庙庙会　　　13.植物迷宫园　23.长塘河滨水景观带　33.十里桃林
4.怡然村舍　　　14.民俗市集　　24.禅修讲堂　　34.桃花书院
5.影视摄影基地　15.镇湖南怀古　25.佛家素苑　　35.桃花小筑
6.影视外景拍摄基地 16.耶稣折福　26.古建寻踪　　36.桃花小筑
7.滨水街市　　　17.市民菜地　　27.风吹麦浪　　37.四季果园
8.多聚花田　　　18.大塘港滨水景观带　28.莲灯祈福　38.草莓体验农庄
9.田洋湖民俗节　19.龙舟竞渡　　29.灵岩古道　　39.菜心农场
10.农家市集　　　20.现代农业观光园　30.宗祠讲堂

图 3-21　悠然主题一日游（图片来源：陈敏思 等 绘）

5. 田蜜主题一日游

定塘镇是宁波市的农业大镇，花港村的柑橘甘甜解渴，沙地村的草莓品质优良，小湾塘的花海芳香四溢，开展觅果寻香游，让游客大饱眼福、大饱口福。主要景点：植物迷宫园—创意桔温园—长塘河滨水绿道—庙山农法庄园—草莓体验农庄—农家市集—菜心农场—四季果园—灵岩山古道—桃花书院—桃花小筑—十里桃林—灵岩山古道—柑橘博览园—乡聚花田（图 3-22）。

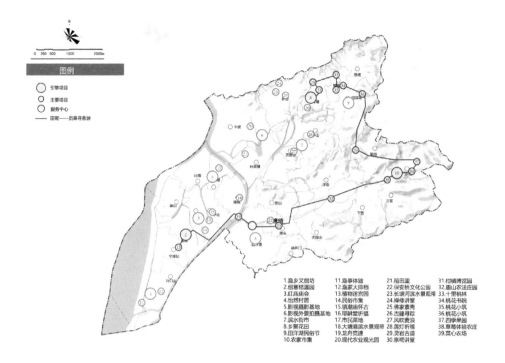

1. 渔乡文创坊　　11. 渔事体验　　21. 稻田里　　31. 柑橘博览园
2. 创意桔温园　　12. 渔家大排档　22. 保安桥文化公园　32. 庙山农法庄园
3. 红庙庙会　　　13. 植物迷宫园　23. 长塘河滨水景观带　33. 十里桃林
4. 怡然村居　　　14. 民俗市集　　24. 禅修讲堂　34. 桃花书院
5. 影视摄影基地　15. 镇潮庙怀古　25. 佛家素斋　35. 桃花小筑
6. 影视外景拍摄基地　16. 耶稣堂祈福　26. 古建寻踪　36. 桃花小筑
7. 滨水街市　　　17. 市民菜地　　27. 风吹麦浪　37. 四季樂园
8. 乡聚花田　　　18. 大塘港滨水景观带　28. 莲灯祈福　38. 草莓体验农庄
9. 田洋湖民俗节　19. 龙舟竞速　　29. 灵岩古道　39. 菜心农场
10. 农家市集　　　20. 现代农业观光园　30. 宗祠讲堂

图 3-22　田蜜主题一日游（图片来源：陈敏思 等 绘）

6. 远乡主题一日游

在中站村热闹的红庙市集、小湾塘村庄严的宗祠讲堂、盛家村宁静的莲灯祈福中体验定塘镇的特色民俗风情，追忆过往时光，走入心灵远乡。主要景点：镇潮庙怀古—耶稣堂祈福—红庙庙会—民俗市集—龙舟竞速—保安桥文化公园—滨水街市—莲灯祈福—佛家素斋—禅修讲堂—古建寻踪—宗祠讲堂—灵岩古道—桃花书院—田洋湖民俗节（图 3-23）。

7. 定塘风采二日游

包含所有重点旅游项目，打造田蜜、悠然、远乡全体验的定塘风采二日游。主要景点：第一天，大塘港滨水绿道—渔事体验—渔家文创坊—渔家大排档—植物迷宫园—创意桔温园—镇潮庙怀古—民俗市集—市民农园—怡然村居（住宿）；第

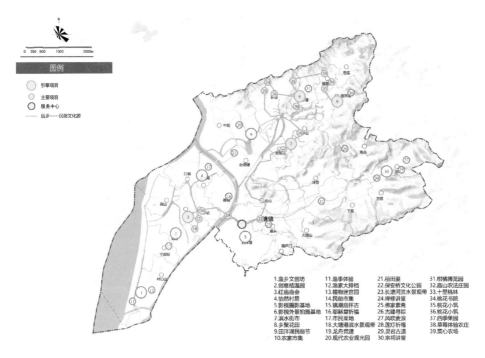

图 3-23　远乡主题一日游（图片来源：陈敏思 等 绘）

二天，保安桥文化公园—长塘河滨水景观道—草莓体验农庄—菜心农场—灵岩古道—十里桃林—古建寻踪—宗祠讲堂—滨水街市—风吹麦浪—现代农业观光园—影视摄影外拍基地—稻田里（图 3-24）。

八、乡村旅游服务设施规划

针对定塘乡村旅游配套服务设施等级低、项目少、未配套、不规范、建设用地紧缺等问题，充分利用现有建筑设施进行改造优化和旅游服务功能的植入，实现餐饮住宿设施的定特色、分主题、提品质、全覆盖。

1. 旅游餐饮服务

结合定塘河鲜（白鲢鱼、对虾）、绿色蔬菜（花椰菜、德国香葱）、特色小吃（麦

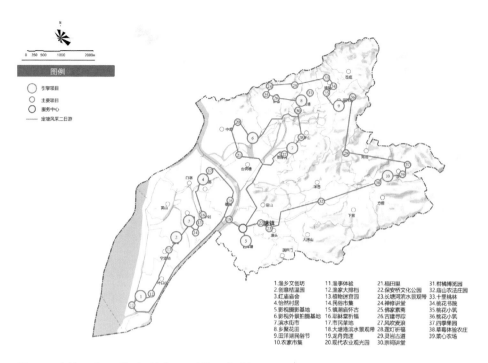

图 3-24 定塘风采二日游（图片来源：陈敏思 等 绘）

糕、天外糕、糍粑、青团）、新鲜水果（柑橘、草莓、葡萄）等农业资源特色，规划了花间里、素心斋、果味园、麦田耕、河鲜食、滋味宴定塘主题餐厅（图 3-25）。

2. 旅游住宿服务

适当新建精品酒店，合理改造特色民宿、特色木屋营地，构成较为完善的住宿接待服务体系。规划在中站和定山新建两座精品酒店；结合不同村落的种植特色，设计晒物院落、甘甜庄园、海岸庄园、香甜民居、禅意民居、田园村居、滨水民居等特色民宿；在乡野田间，搭建清风木屋、海风木屋、花间木屋、特色露营、海岸营地、花田营地等特色木屋，提供多样化的住宿体验（图 3-26）。

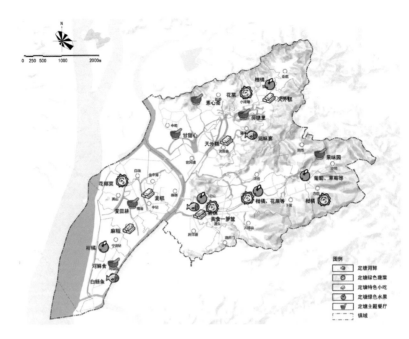

图 3-25 旅游餐饮服务设施规划（图片来源：陈敏思 等 绘）

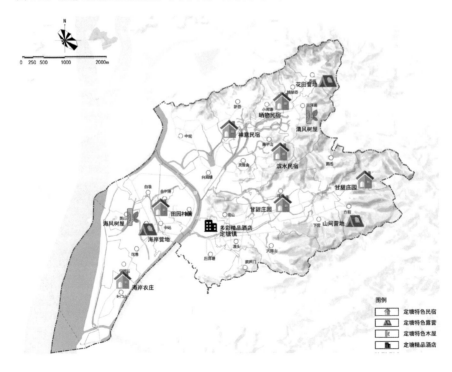

图 3-26 旅游住宿服务设施规划（图片来源：陈敏思 等 绘）

3. 旅游综合服务

在定塘镇区设置一级旅游服务中心一座，在田洋湖、中站设置二级旅游服务中心两座，在叶口山、灵岩山、小湾塘、台洞塘、小青埠、庙山设置三级服务点，旅游服务设施分布的空间位置根据游客的规模和特征需要，实现区域全覆盖。

旅游厕所按照新出台的《旅游厕所质量等级的划分与评定》标准，进行定塘A级厕所创建和生态厕所建设，尤其提升景区、乡村旅游重点区域旅游厕所，以AAA标准完善厕所标识、洁手设备、如厕环境，提高特殊人群适应性。

旅游垃圾收集建立垃圾收运处置体系，生活垃圾无害化处理率≥80%。合理配置垃圾收集点、垃圾箱、垃圾清运工具等，并保持干净整洁、不破损、不外溢。推行生活垃圾分类处理和资源化利用，垃圾应及时清运，防止二次污染（图3-27、表3-2）。

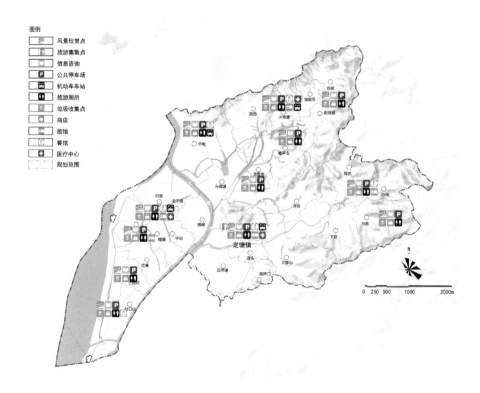

图 3-27　旅游综合服务设施规划（图片来源：陈敏思 等 绘）

表 3-2 旅游服务体系规划

公共服务体系	布局
旅游交通服务体系	设置旅游交通通道，如游步道、无障碍通道、旅游专线等，增设旅游交通换乘站点，自行车租赁服务驿站，完善旅游标识系统。增加自驾车营地、自驾车加油站及维修呼叫服务功能
旅游咨询服务体系	定塘旅游集散中心为定塘镇一级旅游咨询服务中心，在各大分区分别设置二级游客服务中心，为游客提供购票、交通引导、景区解说等服务内容，设置触摸屏、旅游电子地图等智慧旅游服务，对接"旅游＋互联网"计划
旅游安保服务体系	注重游客购物、餐饮、住宿、娱乐等安全环境建设，设置安全标识与灭火器、安全锤等安全急救器械，建立旅游安全应急预案安全救助、旅游保险等安全机制
旅游行政服务体系	规范旅游行业相关评定标准，建立旅游从业者教育培训服务基地和旅游消费者保护中心等
旅游便民惠民体系	实现定塘镇全域网络覆盖，增设社区游憩空间，针对象山居民推出旅游年票、旅游一卡通等优惠政策

九、旅游产业规划

坚持定塘的农业产业特色，保护农业生产用地，在此基础上发展"农＋旅""农＋文"等相关产业，形成有资源、有特色、有支撑的乡村旅游产业集群。

主要农业生产片区：田洋湖种植基地、沙地片果品基地、大塘片现代农业示范区、花港水果种植示范区（图 3-28）。

四大旅游产业发展集群分别为以下内容。

（1）中心旅游产业发展集群：定塘镇区作为该集聚区的发展中心，带动葫芦门村、大湾山村的发展。

（2）中站旅游产业发展集群：中站村是该区域主要的旅游服务中心。中站村、叶口山村作为该区域内的核心发展村落，带动周边村落（金牛港、花港村）的发展。

（3）沙地旅游产业发展集群：沙地村是该区域的发展中心，带动周岙村、洋岙村、下营村、方前村的乡村旅游发展。

（4）田洋湖旅游产业发展集群：小湾塘村、盛平山村是该区域的发展中心。

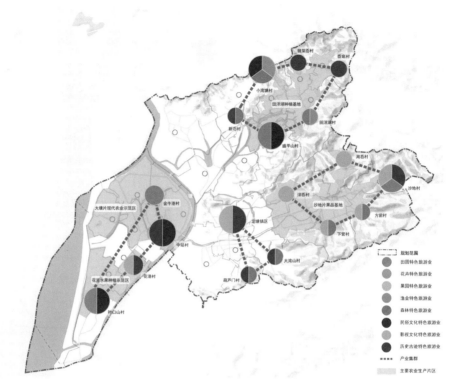

图 3-28 旅游产业规划（图片来源：陈敏思 等 绘）

十、乡村社区引导规划

以乡村旅游的发展为契机，推动乡村社区环境的改善提升和乡村治理水平的提高，通过公正参与、柔性规划、培训跟进、第三方合作等方式，切实推动乡村旅游对社区发展的促进作用（表 3-3）。

表 3-3　定塘乡村旅游社区引导规划

总体策略	具体实施策略	策略描述	具体做法
公众参与	健全居民参与机制	明确的公众参与框架，制定每次参与讨论的目标、时间节点、参与人群等细节，明确社区组织的设立	1. 在"目标—调研—规划—实施"的各关键阶段深入基层调查，听取村民呼声，不断沟通，避免资源浪费，进行"动态的实施性规划" 2. 成立由政府及专家牵头、居民组成的社区参与委员会。注重沟通政府方—规划方—居民方 3. 帮助设立基层组织。可以是社区苗圃班、妈妈烘焙室等培训班，组织活动吸引居民参与 4. 以社区为单位成立旅游发展公积金制度，对支持乡村旅游的居民给予补贴
	细化确权	将乡村改建的权利留给居民，保留公益性和村民自治性	5. 推进保障农村产权的长期稳定 6. 所有权、使用权、经营权、分红权、监督权界定清晰
	党建固基	中国乡村的机制决定的，由党带头的参与机制	7. 实行"三级书记一个群"。区委书记、乡镇党委书记、村支部书记全部进入同一个主题微信工作群，有事情随时沟通协调，随时反馈，形成扁平化工作模型 8. 构建乡村振兴"共识机制"，注意进行文化熏陶的力量，并充分发挥乡贤的力量
柔性规划	在地规划工作室	渐进式、互动式、参与式地推进规划和建设	9. 深入了解当地的旅游资源、乡村资源。甄别和发现乡村的物质与人文资源，建构有效的空间与网络平台实现资源与资本的高效匹配
	多方信息交流与协作平台	规划师充当乡村社区集体行动协调人	10. 规划需要向村民学习地方性知识并了解其需求。同时，在社区营造将部分乡村发展决策权交给社区村民，政府和社区都需要第三方（规划师）团队为其决策提供技术咨询服务
	规划引导	提供方向引导与整合村民的需求	11. 需要在引导、约束居民个体参与行为的同时，对社区不同个体的需求进行整合，以社区公共状况的提高作为决策标准

续表

总体策略	具体实施策略	策略描述	具体做法
培训跟进	乡村振兴学院	乡村振兴需要系统化的科研支撑，包括现代农业、现代景观建设技术	12. 在乡村建立教学点、培训点，接地气
			13. 与高校合作，推出丰富、实用的乡村振兴与乡村旅游建设的培训教材
	乡村旅游培训班	防止旅游商业化、低端化出现	14. 开设民宿、餐饮、解说等旅游业相关的课程
	当地人才培养	社区人才可持续	15. 培训过程中，要注意社区人才的培养，这是社区发展中后期的重要动力来源
第三方合作	非营利组织合作	合作共赢，注意过程中对培训的重视	16. 与高校合作，与高校的实践课结合，到社区带领社区居民开展社区建设工作
			17. 民间团体（例如基金会）
	引入投资方	增强资金和资源的回流	18. 创作团队（影视创作资金引入、文创产业等）
			19. 旅游企业
	规划师团队长期合作	建议进行长期合作，共同制定工作细则	20. 建立"在地规划工作站"。在甄别和发现乡村的物质与人文资源，建构有效的空间与网络平台实现资源与资本的高效匹配的同时，提升"资本下乡"的绩效，这需要长期合作，从规划到设计再到实施都进行把控与建议
	人才引进	提供就业补贴	21. 人才政策，3—5 年的补贴帮助

参考文献

[1] ICOMOS.ICOMOS-IFLA Principles concerning rural landscapes as heritage[EB/OL]. 2017[2022-02-12].https://www.icomos.org/images/DOCUMENTS/General_Assemblies/19th_Delhi_2017/Working_Documents-First_Batch-August_2017/GA2017_6-3-1_RuralLandscapesPrinciples_EN_final20170730.pdf.

[2] 莱奥内拉·斯卡佐西, 王溪, 李璟昱. 国际古迹遗址理事会《关于乡村景观遗产的准则》（2017）产生的语境与概念解读 [J]. 中国园林 ,2018,34(11):11-15.

[3] 姚冬晖, 段建强. 画境观念与乡境营造——18 世纪英国画境观念下乡村建筑实践及其当下中国启示 [J]. 中国园林 ,2017,33(12):16-20.

[4] Globally important agricultural heritage systems[EB/OL].[2022-02-12].https://www.bioversityinternational.org/research-portfolio/agricultural-ecosystems/globally-important-agricultural-heritage-systems-giahs/.

[5] 李子迟. "世界第一长寿村"还能长寿多少年？——以广西巴马巴盘屯为例 [EB/OL].2007[2022-02-12].http://blog.sina.com.cn/s/blog_4b7e9d06010008s8.html.

[6] Wulingyuan Scenic and Historic Interest Area[EB/OL].[2022-02-12].http://whc.unesco.org/en/list/640.

[7] 张家界最美的民宿——五号山谷 [EB/OL].2017[2022-02-12].https://www.sohu.com/a/144827468_554347.

[8] 唐云鹏. 快报名！一起到五号山谷栽秧去啊！ [EB/OL]. 爱视网 .2018[2022-02-12].https://mp.weixin.qq.com/s/tAsmukIlcINT9_26iUaHDg.

[9] 李京生. 乡村规划原理 [M]. 北京 : 中国建筑工业出版社 ,2018.

[10] 千年探花百年宅，匠心营造履清斋——崇明沈探花馆 [EB/OL].2020[2022-02-12].https://sghexport.shobserver.com/html/baijiahao/2020/12/25/321175.html.

[11] 周玲强. 中国旅游发展笔谈——乡村旅游助推乡村振兴 [J]. 旅游学刊 ,2018,33(7):1.

[12] 韩锋, 等. 世界遗产武陵源风景名胜区 [M]. 上海 : 同济大学出版社 ,2020.

[13] 刘志伟. 传统乡村应守护什么"传统"——从广东番禺沙湾古镇保护开发的遗憾谈起 [J]. 旅游学刊 ,2017,32(2):7-8.

第四章
旅游激励下的乡村景观优化提升模式

第一节 乡村景观背景保护模式 / 第二节 乡村景观活动组织模式 / 第三节 乡村景观建设优化模式 / 第四节案例分析：上海青浦区重固镇余姚村改造更新设计

旅游是文化性很强的经济活动，乡村是历史文化的遗存，旅游和乡村这种文化上的天然联系，决定了两者必须有效地结合[1]。而乡村人居环境作为一个有机整体，是乡村环境、社会、经济整体发展的一个必然结果，充满了田园风光的乡土浪漫和恬淡生活的美好情境。经济合作与发展组织（OECD）以"乡村性"作为乡村旅游的核心特征，提出乡村旅游是指"能满足游客对乡村自然与人文环境体验的渴望，并尽可能地提供游客们去参与当地居民的活动、传统与生活方式的旅游形式"[2]，所以乡村旅游可持续发展的关键就是要保存"乡村性"。本章重点探究如何将现代休闲理念与历史文化传承相结合，建立适宜的乡村环境管理与旅游发展模式，以乡村旅游发展为契机，促进乡村景观的保护和乡村人居环境的提升。通过背景保护、活动组织、建设优化的方法，使景观价值、旅游发展落实于空间规划设计，提升乡村景观价值感知、强化乡村景观特征、优化乡村景观建设。

第一节　乡村景观背景保护模式

探讨旅游发展下乡村景观环境地域特征的保护和再生途径，提出乡村景观的山水格局保护、自然景观资源保护、人文景观资源保护等三种模式。既要对山体、水体、农田、植被、民居、街巷、小桥、商铺等典型物质景观要素进行原真性保护，又要完整地保护乡村景观的整体空间肌理、留存历史脉络节点、保持乡土景观材料，保护和营造具有较高舒适度和地域性的乡村景观环境氛围，实现乡村景观空间形态的有机性保护、景观节点要素的适应性设计以及旅游景观场景原真性再生。

一、乡村山水格局保护模式

乡村景观是聚落与周边山水环境相融相生的有机整体，"采菊东篱下，悠然见南山"，山水格局是乡村景观的灵魂基底，也是绿水青山国家战略的重要支撑。在乡村旅游的发展中，要特别强调乡村外部环境与内部环境的风貌协调和整体保护，维持旅游经济发展与生态环境之间的动态平衡，生态优先、绿色发展。有些乡村开山平地、填湖筑路、拓宽进村的马路；将村口的溪流、古树四周变成停车场、大广场和游客中心，虽可以提高游客的可达性和旅游接待能力，却破坏了山水环境格局和自然生态环境，村落本身特有的韵味和氛围也难以寻觅。比如江南水乡，水路是进村的独特方式，而现在车从宽阔笔直的马路开到古镇村落门口，再也无法体会"摇啊摇，摇到外婆桥"的感觉。

二、乡村自然景观保护模式

乡村旅游发展要保护乡村景观"真实"的自然之美，保护和谐生态的自然环境与依山就势、因地制宜、道法自然的聚落建造。一些乡村在旅游发展后为游客修建了广场、喷泉、小区式绿化、花田式景观，都与村落原本的风貌气质不协调，要避免这种在乡村环境整治、修建旅游服务设施过程中过度雕饰、建成体量或风格不协调、违背地脉环境与自然规律的"新景观"；避免城市公园、小区种植等与乡土景观不和谐的因素、迎合浮躁的旅游热点及所谓的"网红景观"。实际上，如果能尊重乡土的地脉和自然质朴的乡野风光，保护原生景观，合理利用当地特色资源、自然能形成乡村独特的旅游亮点。如利用村落本身山水相映、田野开阔的景观特色，还原自然原真的河滩草地、乡间田野，只适度建设必要的小路、汀步、座椅等游览服务设施，会使游客感到乡野之美；尊重乡村小尺度的宜人环境，不过度管理干预，允许房前屋后略显杂乱但充满生气的花坛菜地，不为整洁美观推翻低矮的旧土墙，会使游客感受到乡村风貌的原真性。用质朴的山野风光、乡村情怀真正留住村民、打动游客，乡村景观的风景、文化、美学等价值才能完整保留。

三、乡村人文景观保护模式

乡村旅游发展要保护村落人文景观"真实"的淳朴之风。乡村是一个融合了有形文化遗存与无形文化精神的整体，是活态的文化遗产，地域性、文化性、历史性是其引起人们景观感知最突出的核心特征。乡村旅游发展后，越来越多的当地村民为了经济利益与生活便利选择外迁，缺少了"人"、脱离了传统生产生活，乡村气息与文化特质变得越来越淡薄，乡村景观的风貌和历史文化内涵也受到不同程度的损害。而乡村文化景观的表现形式和文化意义变化越大，村民和游客的景观依恋感知和保护意愿越弱。保护村落景观的物质要素、功能活动、环境氛围、精神内涵等原本的真实性，是增强村民与游客的景观感知进而促进村落景观保护与旅游发展的重要基础。

因此，乡村旅游规划不仅要保留能传递村落核心价值的景观要素，如乡村特色的建筑、街道、植被等景观并维持其物质环境的良好状态，更要动态保护、有机传承其人文景观，使其拥有鲜活的生命力。一方面，对于承载了乡村文化内核的重要景观场所，应当严格保护、科学管理，保留村民的使用功能，传承独具特色的乡土生产生活方式，延续景观的场所精神与集体记忆；另一方面，以乡村旅游为契机，引导村民正确认识传统与现代的关系，培养村民主动传承传统生产生活技艺的意识，鼓励村民积极参与到旅游产业的协调发展中，重新激活乡村的乡土特色和文化精神，保护村落的乡土生活气息和人情味，保护乡村景观的"形存""神传"。

例如上文提到的云南大理沙溪古镇寺登村，四方街、玉津桥、古寨门、古道街巷等重要节点与通道，是寺登村千年古集市的重要历史文化遗产，也承载了村民世世代代生产生活、集会休闲、往来通达、精神娱乐等活动。在沙溪复兴工程的努力下，古戏台、兴教寺、寨门、沿街传统商铺民居等历史建筑与街面以"修旧如旧"的原则完成了修复，其有形物质环境的保护程度较高。但旅游发展后，兴教寺成为收门票的景点展馆，不允许远近村民自由进入敬拜神佛、祈求庇佑，古戏台禁止普通文艺社团上台演出；为了方便旅游管理，村民每周一次的四方街集市也搬到了新镇区，这些都破坏了寺登村传统文化景观的完整性保护。建议对寺庙、戏台等承载着重点文化活动的历史建筑，通过创新管理模式实现游客与村民的分类管理：保留村民的日常生活，尤其是节庆活动的使用空间，可以通过村规民约等形式规范进香、敬拜、念经等个人与集体活动；以科学加固、管控演出人员数量、限制激烈动作等措施解决古戏台稳固性、安全性的隐患，进行合理的活动策划与日程安排，而不是一刀切地禁止上台；恢复四方街集市，将每周的镇级物资交流会与寺登村内日常的"三天一街"分离，以传统朴素的沿街小摊形式传承村落的集体记忆与文化精神，并以科学的管理方案介入，解决秩序、安全和卫生等问题。通过各种激活传统景观空间的对策，保持并延续村民的依恋感知，同时深化游客的体验与认同感。当地政府从意识观念、资金物力等方面支持鼓励修缮老屋、老作坊，留住村民，在创新发展传统生产方式的过程中自然而然地传承木雕、砖雕、木建筑彩绘、白族服饰制作、粉皮制作、羊乳饼制作等传统技艺。

第二节　乡村景观活动组织模式

　　探讨旅游激励下乡村物质景观与乡土文化相互融合、活态保护的发展途径，提出旅游发展下乡村景观的解说系统组织、传统景观再生组织、互动性景观体验组织等组织模式，对民俗、节庆、民艺、美食等典型非物质景观要素进行保护与规划，如农业景观、节庆活动景观、庭院生活景观等，保护和营造具有较高愉悦度和适应性的乡村心理情境，实现街巷空间的时空转换互生、传统节庆场所的激活互生和公共文化空间的参与互生。

一、乡村景观的解说系统组织模式

　　在保护乡村文化景观、延续乡村场所精神的基础上，转变和优化旅游发展模式，提升旅游经济活动的品质，变"走马观花"观光游为文化体验深度游，才能让游客充分品味、感受到乡村景观的丰富价值。要丰富旅游解说的内容和方式，通过历史故事形象化阐述、VR 重现历史场景等策略，将村落景观历史内涵与其客观环境有机结合，更生动地向游客展现村落厚重的历史文化底蕴。村民是乡村的主人，他们最了解传统村落的价值所在，可以通过培训、补贴等多种方式鼓励当地村民担任乡村旅游的导游工作，或在旅游经营服务中解说乡村景观文化，讲好本村的故事。用当地独特、真诚的文化内涵感染游客，引起大家的情感共鸣，从而促进旅游发展，实现价值共享。

　　同时，要面向乡村社区居民开展培训，启发社区居民对乡村文化的传承和创新意识，可以通过音像、视频、博物馆、口口相传等方式向居民解说乡村的景观和文化价值，邀请专家学者与居民交流，使居民理解乡村景观和文化在其日常生活中的定位，鼓励居民参与旅游解说、文化展示、文化产业策划等活动，与游客交流自己对乡村的理解，从而激发居民对乡村文化景观的保护意识，发挥乡土文化作为乡村共同精神联结的重要意义。

如寺登村除了现有的古迹保留点解说牌、零星的马帮雕塑和服务于游客的牵马师傅外，茶马古道历史文化的展现较为欠缺，应当充分利用各类历史节点与古道路线，通过现代科技、文物展览、场景重现等方式讲好历史故事。可以在以古戏台与兴教寺为核心的四方街举办茶马集会，热闹精彩的戏台演出、往来烧香敬拜的村民游客、熙熙攘攘的摊贩交易，不仅能让游客深入感受村落的历史图景，也让一代又一代的村民真实地传递这宝贵的历史记忆。

二、传统景观再生组织模式

传统的商业、居住空间是与人们生活息息相关的物质环境，必须重视其原真性的保护。旅游发展下乡村知名的景观成为"景点"，不知名的传统建筑景观无人问津、逐渐废弃，很多民居改造成了为游客服务的商铺、饭店和民宿，乡村社区失去了原本淳朴宁静、鸡犬相闻的生活氛围。旅游规划要对乡村的传统建筑景观进行统一的保护、规划和管理。复活老村的作坊和店铺，如酿米酒、织土布、打糍粑、赶集市，充分挖掘本地特有的民间技艺和习俗，活化农特产品、手工艺等传统产业；可以与乡村旅游结合，注入新的功能，如村史展览馆、民俗体验馆，使老屋新生，避免同质化的饭店和民宿。同时，要对乡村旅游的业态进行合理规划、严格审批、规范管理，控制村落商业化程度和商业类型，适当干预管理经营内容，控制乡村旅游发展规模与程度，避免乡村成为旅游景区。乡村景观的核心吸引力在于其古朴自然的环境氛围与浓厚独特的乡土生活气息，如果继续放任旅游商业的过度扩张，将严重损害传统村落的核心价值，使其失去文化旅游的吸引力和竞争力。决策者与管理者必须将目光放长远，将乡村的可持续发展作为目标，以科学合理的规划严控旅游商业布局与规模、合理估算游客承载力、限制旅游接待设施的数量，从风貌、环境、氛围等物质和非物质层面保护景观原真价值，避免与乡村景观文化不协调的快速消费型旅游业态，延续淳朴本真的乡村氛围。

三、互动性景观体验组织模式

乡村旅游规划要提供多角度、多层次的互动体验。提高游客与自然山水的互动，通过村落与周边环境的结合、自然景观与文化景观的结合，设计多样化的乡村旅游路线。提高游客与当地村民的互动，增加传统集市与节庆活动、传统手工技艺展示与参与，从观景游览、乡土文化活动、自然村居等方面展示乡村景观与文化，推进乡村景观深度体验。提高游客与乡村文化的互动，通过身体、思想、情感的参与，引导游客全方位、深层次地感知乡村景观的特征，并形成价值认知、文化传播、保护意愿等积极反馈。通过这些互动旅游模式的设计，不仅可以让村民灵活地参与旅游产业，更能保留乡村生活气息和为游客提供最真实的村居体验。传统景观再生的关键是留住老屋里的人和生产生活气息，以乡村旅游发展为契机，引导村民留在乡村、安居乐业，合理保障村民基本的生活生产需要，这样才能够合理控制村民将自有住房外租。通过以上各种策略，保护传统村落真实的生活气息与乡土特色，而不是千篇一律的乡村旅游"展区"。如在寺登村增加游客的参与方式，游客在参观聚落后可以到周边的古道和山村徒步、观景怀古、收菌子、吃农家饭等，这种游客与村民之间朴素的交往方式，可以使游客体验独特的白族风情、淳朴的乡间民俗。

第三节 乡村景观建设优化模式

协调乡村旅游发展中的各种利益关系和发展诉求，探讨乡村景观行为情境的共生规划途径，提出乡村设施改造优化、乡村旅游空间优化、乡村场所精神传承优化等模式。对居民的需求与行为、游客的需求与行为、乡村的时空分异规律等进行引导与规划，合理设计乡村旅游线路、置换现代生活功能、加强旅游行为体验，使乡村的公共文化场所、田园作坊店铺、传统街道路径宜居宜游。保护和营造具有较高活跃度和真实性的乡村行为情境，实现居民与游客的主体共生、传统与现代的功能共生、形态与文化的情境共生。

一、乡村设施改造优化模式

在乡村旅游规划中，需要科学评估旅游承载力和居民生活需要，对乡村各类建筑及生活设施进行合理布局，强调传统建筑和生活设施的保护和再利用。对民居新建和改造进行引导，鼓励村民产生文化自信和乡土审美，防止村民为发展民宿及旅游商业进行私搭乱建、建设超大房屋、风格各异的西式建筑和五花八门的商业店招。但同时，也要尊重村民改善生活条件的需要，传统民居最大的价值并非作为审美的客体供人凭吊怀念，不能只追求建筑外观的沧桑感（甚至是破旧）而忽略了生活于其中人们的居住体验，在保护建筑外观风貌整体协调的基础上，需要要对建筑内部的功能、设施进行现代化改造[3]。在民宿的发展中，不建议过度依赖外来资本进行新建，整齐划一、缺少本地生活的"民宿"终会变成徒有乡土外壳的度假村，可以结合本地现有民居的改造、对建筑内部空间结构进行合理设计，如一层自住、二三层接待游客等，实现空间共享，既可以减少建设投入，又可以保持乡村的烟火气。

针对乡村内的各类构筑物及不同类型设施的特征，通过合理的调整、改建、加建等方式，使其既能满足村民的现代生活需求，又能与传统景观风貌相协调，实现改造的低成本、低能耗、简单易行，提高乡村设施的风貌协调性、资源集约性和功能适应性。

二、乡村旅游空间优化模式

当前的乡村旅游地管理多以服务游客为导向，忽视村民的诉求；然而提供的旅游服务及产品也较为简单表面化，既不能保证游客体验的愉悦度、获得感，更会损害村民的情感认同。乡村不能只满足游客需求而做景区化的发展，更应该提供合理、人性化、精细化的管理措施，处理好村民和游客在空间使用上的关系，重新激活乡村的乡土特色和文化精神。

基于乡村的自然环境特征、聚落格局、功能使用、空间氛围、资源特色等，旅游发展需要合理规划空间结构并引导生活与旅游的融合。如根据不同分区的功能需求进行分时段、分等级的人性化管理，分散广场、街巷等村落等核心场所的人流量，疏解村民与游客在空间使用上的矛盾；通过活动路线、场所空间设计，限制游客接待服务设施数量、管控游客量，约束和限定游客的旅游参与行为，确保村民拥有不被游客打扰的活动空间，保障村民的生产生活、传承地方文化特色，同时提高自然人文环境与旅游服务产品的质量；根据资源布局，挖掘真实特色，设计能充分展现当地景观风貌与文化精神的游览线路；科学推进乡村各类生产生活垃圾清理工作，保障村落的社会秩序与环境卫生质量，在科学管理的基础上保护村民和游客对公共空间的使用。游客的深度参与和满意度提升，将促进乡村文化价值的传播与发扬；村民的高度认同和行动，是传统村落文化活化传承的重要力量。在客观物质条件、合理有效的管理与游客、村民主观能动的配合下，可以激活乡村生活情境，使乡村旅游获得特色化、持续化发展。

三、乡村场所精神传承优化模式

每一个乡村都具有其独特的自然环境与人文历史，需要根据它的地域特色、资源优势、发展现状等进行个性化的规划。乡村景观所承载的场所精神，是当地文化的产物，更表达了人们共同的生命体验 [4]。保护并延续传乡村景观的场所精神，不仅有赖于其环境背景、空间格局和承载人们行为活动的景观场所空间等物质环境的保护，更重要的是当地独特的风俗传统、文化精神等的识别、保护和重塑。研究村民依恋的空间场所、景观要素、文化意象，发掘其内在精神，并且运用到乡村景观保护与旅游发展的规划、管理工作当中，可以激发文化活力、完整地保护村落景观的场所精神，让村民的集体记忆不断延续，提高村民的依恋感知并激发他们的保护意愿和积极行为。

第四节　案例分析：上海青浦区重固镇余姚村改造更新设计

余姚村位于上海市青浦区重固镇西北部，水陆交通发达，地理位置优越，村域面积 3.55 km²，呈现出"田、水、园、居"相依的水乡格局。近年来，余姚村依托区位优势开展了一些乡村旅游活动，农村人居环境显著改善，形成了集田园风光、农家民宿和田园集市为一体的产业发展格局，村内有多种非物质文化遗产。但现状存在的问题也非常突出：年轻人多在城区工作，很少回村里居住，村里以老年人为主，老年人"宅"在家缺少交流，村庄活力低且缺少文化活动，对游客的吸引力也有限；土地资源闲置、荒土地较多，缺少自然气息，很多住房也处于闲置状态。

针对这些问题，规划以"对话"为主题，结合乡村旅游的发展对乡村景观环境进行提升和改善，加强村民与自然的对话、村民与村民之间的对话、村民与游客之间的对话，从而提升村庄的活力。改造滨水景观游憩带，提出庭院、自留地的利用美化建议，拉近村民与自然的距离，让村庄更加优美宜居；打造当地村民交往空间，修建舒适宜人的室内/户外公共活动场所；举办周末市集、公益志愿义演等社会活动，集聚周边村民，提升村庄活力；改造民居住房，吸引外地来访者短租度假或长租进行工艺创作，有效利用闲置空间，进一步提升村庄活力（图 4-1）。

挖掘村落的景观和资源特色，进行了滨水步道、共享庭院、老年活动中心、休闲广场、林下空间和儿童活动场所的规划设计。

（1）提升乡村道路景观：对原有路面进行了整修，通过铺装将车行道和人行道划分开，便于村里的老年人的安全使用，并通过地面铺装的标识鼓励人们漫步和运动，养成健康的生活习惯。利用道路两旁荒置的田坎，种植当地的特色花卉和果蔬，提升户外空间吸引力。

（2）提升居民庭院景观：鼓励村民参与，对各家各户的庭院进行景观美化，建议民居围墙周围种植爬藤植物或竹子，使沿滨水立面统一整洁。

（3）充分利用空地、增加公共活动空间：将村中废弃的荒地改造为老年活动

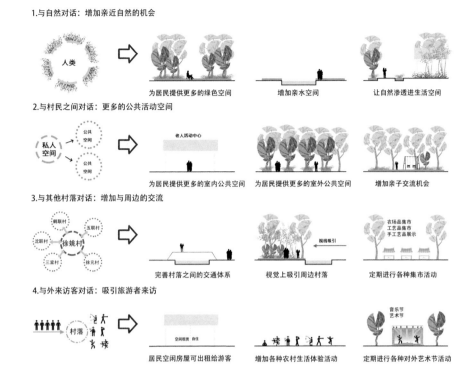

图 4-1　乡村景观提升策略（图片来源：刘苏燕 等 绘）

中心，为老年人提供棋牌、室内活动和观看电影等活动，促进当地村民之间，以及与周边村民之间的交流。利用原有村口空地增设了一处"朝夕广场"，改建为适宜全年龄段人使用的场地，村民可以在这里跳舞、集会、演出，满足各个年龄段人群的使用需求，尤其增加对青年人的吸引力。滨水公共绿地空间狭小，进行了总体空间深化，设计了顶棚攀爬丝瓜等乡土植物，形成适宜纳凉休憩的空间（图 4-2、图 4-3）。

　　（4）老年活动中心改造：对村口一座废弃的公共房屋进行了更新改造，该建筑位于进入村落的主要通道旁，通达性强且毗邻水边，具有较好的景观资源和临水体验，房屋红砖结构、砖砌完整，具有较强的可识别性，但房屋年久失修无法使用。规划结合其场地特点，希望利用其区位优势构建村民对话的平台，架起村与村之间沟通的桥梁。设计保留了基地原有的空斗墙肌理，加固结构，再生新的屋顶。通过围抱河岸置入动静两个体量，保留具有原始记忆特征的外立面。同时借助临水景观，为老年人构筑了内外汇通的活动中心（图 4-4、图 4-5）。

图 4-2 村庄道路改造前后（图片来源：刘苏燕 等 绘）

图 4-3 村庄聚落景观改造前后（图片来源：刘苏燕 等 绘）

图 4-4 老年活动中心现状（图片来源：刘苏燕 等 摄）

图 4-5　改造后的老年活动中心（图片来源：林子涵 等 绘）

（5）乡村文化活动中心(乡村放映厅)：保留基地中一幢破败建筑的局部结构，改造为人与自然充分融合的乡村放映厅。原有结构与自然的呼应，充分强调了原始自然要素与人对话的设计理念（图 4-6）。

图 4-6　改造后的乡村文化活动中心（图片来源：朱卓群 等 绘）

（6）民居建筑改造：结合乡村旅游的发展，对乡村民居建筑进行民宿功能的改造，活化房屋空闲空间的使用。呼应新建建筑设计形式，将原白墙底部的沿街立面进行风貌提升，希望带有韵律感的结构性质建筑物适当活跃街道，改善略显压抑的气氛。保留原始三层建筑，呼应设计理念，将平时使用频率较低的空间作为乡村旅馆。重构空间组合之后，底部用作老人起居，二三层为两户乡村旅馆，亦可为自家使用（图 4-7）。

图 4-7 改造后的村落景观效果图（图片来源：朱卓群 等 绘）

参考文献

[1] 熊侠仙,张松,周俭.江南古镇旅游开发的问题与对策:对周庄、同里、甪直旅游状况的调查分析[J].城市规划汇刊,2002(6):61-63.

[2] 廖慧怡.基于《里山倡议》的乡村旅游发展途径初探——以台湾桃园地区对乡村旅游转型的需求为例[J].旅游学刊,2014,29(6):76-86.

[3] 邹怡情.对景迈山传统村落保护发展的思考和探索[J].中国文化遗产,2018(2):10.

[4] 马航.中国传统村落的延续与演变:传统聚落规划的再思考[J].城市规划学刊,2006(1):106-111.

第五章
社区参与的乡村
可持续旅游与景观
保护

第一节 社区参与乡村旅游发展的重要意义 / 第二节 社区在乡村景观中的价值 / 第三节 社区参与乡村可持续旅游的途径 / 第四节 基于社区参与的乡村旅游业态网络化发展模式 / 第五节 案例分析：社区参与下的云南阿者科村乡村旅游发展

乡村景观作为一种持续演进的文化景观具有整体性和复杂性，不仅表现出独特的地域特征，更是人们身份认同的关键组成部分，当地居民是乡村景观的主人，也是乡村景观的重要组成部分。认识乡村景观所关联和附加的乡村社区居民的价值，尊重他们在塑造和维护景观中所扮演的角色，以及他们所拥有的与自然和环境状况、过去和现在的事件、当地文化和传统、几百年来所试验和实施的科技解决方案相关的知识，对于乡村景观保护与可持续旅游具有重要的意义。同时，要认识到乡村居民较高的生活水准和良好的生活品质有助于强化乡村活动、乡村景观以及传播和延续乡村的实践与文化。

第一节　社区参与乡村旅游发展的重要意义

乡村景观作为"人与自然共同作用的结果"，是典型的文化景观。当地居民在生产生活过程中产生的历史文化、宗教信仰、地方智慧是乡村景观价值不可或缺的组成部分，社区居民是乡村景观价值得以传承和发展的重要载体。乡村旅游的吸引力正在于其优美的自然环境、特色的民俗文化、真实的乡土气息；乡村景观的特点在于人与自然的有机融合，乡村旅游如果失去了社区居民的参与，乡村景观就失去了它的真实性和完整性[1]，而这种商业化的文化遗产失去了内容，变成舞台化的真实（staged authenticity）[2]，缺少可持续发展的灵魂和内在动力。所以，社区力量对乡村旅游发展的作用极其重要，对于乡村旅游发展来说，社区参与是可持续旅游概念的核心原则[3]，由于旅游发展不仅改变了目的地的物理环境，而且影响着其社会、文化和居民的生活质量[4]，了解当地居民对旅游发展的态度对于旅游业发展的成功和可持续性至关重要[5]。

我们在调研中深刻体会到，乡村旅游的影响无论是积极的还是消极的，都会以一定的方式作用于社区居民，他们表现出支持或反对的态度，并反过来对乡村旅游的开发、营销与项目运营产生重要的影响，公众的支持会给乡村旅游发展带来极大的回报。但当旅游业的发展超出了一个社区的承受能力时，一个社区的社会生活就会发生巨变[6]。如英国埃夫伯里巨石遗迹所在的威尔特郡，由于当地居民和世界遗产地之间缺乏联系，缺少主人翁的感觉，曾经对游客过量表现出强烈不满，认为入选世界文化遗产名录不是他们的选择，却对他们的生活造成了极大的影响。伊拉克巴格达的案例也证明：除非城市当局能够在原住居民和旅游者的需求之间保持平衡，否则就有可能出现新的合法化危机 [7]。同时，由于旅游发展对于社区村民的影响存在较大的核心与边缘区的空间差异 [8]，相关利益各方的感知状态与程度差异也较大 [9]；很多情况下，乡村旅游带来的利益主要由乡村社区中较为富裕的精英阶层获得，贫困群体很难在旅游发展中获得经济利益和发展机会，乡村社区贫富差距进一步扩大，邻里关系变得紧张，传统的社会道德规范和诚信机制受到挑战，民族传统文化逐渐丧失 [10]。一些乡村社区被边缘化，其原有的生活模式被破坏，传统生存方式被严格限制，甚至有的原住居民被迫大规模搬迁，失去与土地的联系，最终丧失了文化和传统，成为旅游开发的牺牲者 [11]。

可见，由于缺少乡村社区的参与，村民主体地位的缺失不仅导致旅游开发对当地社会经济的带动作用有限，也使乡土文化的保护和传承面临被动和商业化的困境，对乡村居民利益的损害更导致村民在旅游开发中不愿合作。所以，乡村旅游发展的关键不是政府和外来投资商"自上而下"的推行，而应是与社区"自下而上"参与的双向互动。旅游业的可持续整合包括地方参与、真实性和平衡以及向可持续性为中心的旅游管理和实践转变 [12]，要依靠乡村自身的力量以及乡村社区居民积极主动的参与才能实现。

旅游业对解决乡村社区经济问题具有重要意义，社区历史群体与旅游业之间的联系是有价值的，但旅游业的发展对社区及其景观的完整性提出了挑战 [13]。我们一直在强调乡村景观的价值，但如果当地居民感受不到这种价值的意义，或者不能在这种价值中得到体验或者收益，就会感觉被边缘化了。所以，需要探讨如何平衡乡村景观的价值、社区发展和可持续旅游之间的关系。通过文化自觉、功能再生、活化保护的方式使它们能够互相促进、融合发展。在乡村旅游规划中，我们一直在思考以下问题：

（1）如何激发社区居民对乡村景观的认同感和自豪感，使他们在旅游发展中能够主动进行乡村景观价值的保护、展现和传承，使乡村旅游成为连接社区居民与乡村景观保护的桥梁？

（2）如何创造社区居民参与乡村可持续旅游的方式和途径，使旅游产业能够对社区居民的行为活动产生一种积极的引导，从而使他们愿意从事并有能力从事旅游活动，在真实的生产生活中保护乡村景观价值的真实性、完整性和多样性？

（3）如何通过乡村旅游的发展改善社区居民的利益，从而留住原住居民并获得他们的支持，通过延续作为价值载体的"人脉"，进而沿承遗产价值的"文脉"，做到"形存神传"？

第二节　社区在乡村景观中的价值

世界遗产保护组织对自然村寨景观的关注推进了其保护与利用的进程[14]，联合国教科文组织对自然遗产保护的最新要求有"保护自然遗产地的小聚落社区及其传统自然资源管理智慧和乡村景观"的内容。社区居民不仅是乡村社区的主人，更是乡村景观的重要组成部分，在乡村景观价值体系中要重新认识社区的意义，充分考虑社区的历史文化价值和生态价值。

一、社区是乡村文化的传承者

1. 历史文化价值

乡村社区代代相传，见证了村落的发展历史，保留了人类聚落的传统生活生产智慧和物质遗存，是一种"演进的景观"。乡村社区中的庙宇、宗祠、牌楼等，记载着源远流长的历史脉络；家谱、方言、口述史等，讲述着当地神奇多彩的传说故事。很多乡村社区保留了千年的历史传承，是宝贵的非物质文化遗产，蕴涵着中华民族优秀传统文化的"根"。

2. 民间艺术价值

乡村社区在漫长的聚居生活中孕育出了优秀的民间艺术文化，几乎每个乡村都有独具特色的"拿手绝活"。武陵山区土家村寨的织锦、浙江湖州潞村的桑蚕丝织、江南古镇的昆曲、蒙古包里流出的长调民歌、河北蔚县的传统剪纸、华山脚下双泉村的老腔皮影，这些源自乡村社区的歌舞、绘画、手工艺等，已经成为国家非物质文化遗产，甚至入选联合国教科文组织非物质文化遗产名录，成为全世界共同的财富。这些艺术都源自真实的乡村生活，或是自给自足的生产方式，或是农闲时的消遣娱乐，或是美好的祈福仪式，具有多样性、乡土性和鲜明的个性特征，体现了乡村居民的勤劳与智慧，是中华艺术宝库里不可或缺的瑰宝。

3. 乡风民俗价值

乡村社区长久以来形成了较为稳固的社会关系、宗族观念、道德伦理和乡风民俗，在一定程度上成为社区村民的行为规范和重要仪式，传统佳节、农事节气、婚丧嫁娶，各地都有不同的风俗，很多流传至今成为重要的民间节庆活动。赛龙舟、包糍粑、走三桥，一道道繁复的程序中，包含的是浓浓的"乡愁"。出门在外的游子，不管多远，都会在重要的日子里回到村里与家人一起，重温祖祖辈辈留下的习俗。这不仅是一种文化，更是乡村社区"文化自觉"和"文化自信"的体现，是增强乡村凝聚力的重要载体。

乡村旅游中的社区参与，一方面要保护好乡村社区的历史文化价值、民间艺术价值、乡风民俗价值等，激发作为文化传承者的当地居民的主动性和积极性，通过政府扶持、社会团体关注等多种方式培养更多的非遗传承人；另一方面要以旅游发展为平台，将乡村社区的文化充分展示和传播出去，将具有地方特色的节庆活动举办下去，通过社区参与带动传统文化与乡村旅游的融合发展。

二、社区是乡村景观的保护者

1. 乡村社区具有审美价值

乡村社区所在的民居建筑、院落、街巷与公共空间等聚落景观具有重要的审美价值。我国幅员辽阔，南北自然和人文环境差异很大，从江南水乡到海岛渔村、从川西林盘到窑洞村镇，产生了丰富多样的乡村聚落类型。与官式建筑不同，乡村民居大多由乡民自建，他们根据地形地貌、气候条件、地方材料等选择最适宜生产生活之处安居乐业，既具有和谐统一的节奏、秩序，又富有变化多样的自在、活力。同时，乡村社区充分融入了当地的历史文化、宗教信仰、道德宗法，使其充满了具有地域特征的生活气息，无不触发着人的美感。可以说，乡村社区真正体现了"美是生活"，具有重要的美学价值。

2. 乡村社区具有传统的生态智慧

在乡村社区的营建过程中，当地村民观天象、顺地势、应时而作，体现了"天人合一"的生态伦理思想。乡村社区选址"负阴抱阳，背山面水"，尊重自然环境、尊重山水格局；建筑形式、天井庭院、街巷水道等，无不体现了古代先辈的设计智慧；建造材料就地取材、物尽其用、低成本、低能耗[15]；基础设施和防灾避险设施巧于因借，充分反映了村民对自然的尊重和敬畏。正因为如此，很多乡村社区历经千百年风雨依然保存完好。在乡村社区的建设发展中，需要挖掘、继承、发扬这些人与自然环境相融相生的传统智慧，结合现代技术手段进行改造提升，做到风貌协调、资源集约和功能适应。

当地居民是乡村景观美学价值和生态价值和守护者,提高当地居民的主体意识，可以促使他们更加珍惜、爱护自己的家园，保护生物—文化多样性的连续过程，避免破坏乡村景观生态的行为。社区参与的乡村旅游，会避免为了迎合旅游发展的需要片面追求乡村景观设施的现代化、机械化、同质化，而能够在生动、鲜活的乡村生活中，传承乡村社区及其传统自然资源管理智慧，发扬地域特色。

第三节 社区参与乡村可持续旅游的途径

1992 年 6 月联合国环境与发展大会《21 世纪议程》明确指出，"公众应当参与处理环境问题，并享有参与决策的权利""应承认并充分发挥当地民众自身特色及文化兴趣，使他们有效参与到可持续发展实践中"[16]。社区在发展中的地位和作用不断被认识，并且在旅游地的保护和发展中也逐渐得到重视。2007 年，世界遗产委员会将世界遗产战略从"4C"上升为"5C"，在可信度（credibility）、保护（conservation）、能力建设（capacity-building）、宣传（communication）的基础上增加了"社区"（community）概念，强调当地社区对世界遗产及其可持续发展的重要性。2012 年世界遗产委员会更将主题定为"世界遗产与可持续发展：当地社区的作用"（World Heritage and Sustainable Development: the Role of Local Communities）[17]，提出以减少人为活动对遗产保护的压力为由，将所有社区都迁离遗产地的行为不符合真实性与完整性遗产保护原则[18]，当地社区在遗产规划中应该是一个主要关注和优先考虑的部分，他们需要从一开始就完全参与到计划、决策、实施和控制的各个阶段[19]。乡村社区参与可持续旅游的原则主要包括以下方面。

一、参与式、渐进式与协调发展

蒂莫西和图森（2003）以参与式社区增权、渐进式发展和协作发展为指导，提出了旅游地可持续发展的 PIC 规划模型，用来保证旅游目的地的系统性和可持续规划，既要考虑社区成员利益保护的需求，又要考虑发展中旅游协作的现实需求，作为一种标准化的旅游规划方法，特别强调了参与式发展的重要性。

PIC 规划模型主张旅游地居民是文化产品的重要组成部分，必须认真考虑当地居民的担忧、意愿和兴趣，强调地方的特质并授权社区成员决定属于他们自己的未来。这种方法根据当地社区居民的需求和愿望、当地风俗及其意愿完成规划。参与式发展承认旅游目的地居民、外来商业经营者、当地政府等都是独立的利益相关者，包括传统意义上被边缘化的群体，如妇女、老人和少数民族，在旅游发展中都拥有自己的发言权。

参与式发展有两种视角：第一种视角是在决策中增权和参与分配旅游的经济和社会效益。按照蒂莫西（2007）提出的旅游地社区增权的层级，社区参与分为"强制发展""象征性参与""有意义的参与"三个阶段，当社区成员主动发起计划以实现他们自身的目标时，真正的增权才会得以实现，从而形成社会凝聚力和来自遗产和文化的社区自豪感，社区成员可以评价自己的历史文化，并决定向游客提供哪些产品、提供到何种程度。达到了这种心理上的增权，社区居民会获得权利意识，自觉、主动地利用自身的文化资源。

第二种视角是使社区居民可以从旅游发展中获取经济和社会收益。除了直接的经济收益分配外，可以指导乡村居民进行创业活动，如开设乡村民宿、手工作坊、土特产和纪念品商店等，这些活动特别吸引乡村旅游者，可以成为社区参与乡村旅游经济的重要组成部分，小规模经营意味着会有更多的游客花费被留在本地经济中。教育和培训也是一种社会收益，可以帮助社区居民更好地理解基于乡村文化遗产的旅游经济，从而促使大家在旅游发展中自觉地保护乡村景观。同时，参观社区也是乡村文化旅游的重要组成部分，当地居民在从事旅游活动的过程中，特别需要理解乡村的历史、文化价值，提供有利的条件向外来游客解说乡村景观的价值。

渐进式发展强调旅游规划的弹性，实时监测生态环境和文化景观的完整性、平衡性和有效性，对规划方案进行及时的调整和修订。协调发展则强调了各部门之间以及公私之间的合作，同样离不开社区在共同协作中的重要作用。

在参与式、渐进式与协调发展中，特别需要重视这几个问题：

①如何实现目的地社区从政治、经济、社会和心理层面的增权，并形成社会凝聚力和来自遗产和文化的社区自豪感？

②如何使当地人从旅游发展中获取经济和社会收益？

③如何进行有效的培训，提高当地居民的教育水平和培养意识？

④当地社区应该在多大程度上做出改变以满足旅游者？

二、促进社区协同的包容性可持续发展

社区参与旅游的重要目标是搭建利益相关者协同发展平台，获得社会包容性可持续发展。开展多种形式的合作，为地方社区、利益相关者普及发展战略、规划、

旅游管理、景观保护的方法；建立刺激利益相关者参与工作的机制，提供在地就业培训机会，鼓励居民自主创业或参与新兴产业，积极引导和安排居民参与旅游就业；鼓励居民参与乡村旅游的解说、导览和服务，传递文化传统，增强文化自信；搭建信息平台，宣传并推广负责任、高质量的社区协同发展实践活动。

三、创造社区参与乡村旅游的途径

1. 立足社区进行乡村旅游产业引导规划

因地制宜发挥社区功能，基于乡村资源特点和乡村社区的实际发展情况，分别以保护、利用、开发等为导向，做到生态、业态、形态、文态"四位一体"，合理配置乡村旅游产品和旅游业态，使乡村社区与乡村景观的体验、旅游服务的供给相融合，避免规划中的"一刀切"。引导多样化的社区产业经济，增加旅游附加值，增加社区参与乡村旅游产业的可能，促进农业向"农业＋旅游业""农业＋互联网"经济转型。建立激励社区产业经济的机制，鼓励利益相关者基于乡村社区的需要进行旅游产业布局、创造就业机会，实现乡村旅游与社区协同发展。

2. 激励乡村文化创意产品的开发

乡村社区中蕴藏的文化、艺术、饮食、手工艺丰富多彩的多民族物质与非物质文化，是乡村旅游创意产品的重要源泉，要对其深入挖掘和提炼，与现代文化创意产业结合，形成百姓喜闻乐见、游客兴趣盎然的乡村旅游产品。目前很多乡村都推出了"舌尖上的美食""把……带回家"等旅游产品，凸显了本地的文化特色。但有些乡村对本地文化挖掘不够，急于求成地盲目照搬和模仿，甚至从外地批发来游客"喜欢"的小商品。这样不仅没有发挥当地乡村文化的价值，而且对当地百姓的带动作用也非常有限。应当通过鼓励、组织和培训，调动乡村社区居民的积极性，使他们真正参与乡村文化产品的策划、设计、制作、宣传、销售，打造各具特色的"人家""铺坊"，将当地的文化解说和传播贯穿于旅游产品之中，并让当地百姓能够从中获得经济收益。打造一批基地和乡村特色旅游农副产品，实现乡村景观保护与乡村旅游发展相互促进。

3. 引导乡村旅游的业态发展

建立基于社区参与的乡村旅游业态网络化模式，根据乡村旅游发展的特征和要求，对乡村旅游资源和社区力量的整合，从社区村民从事乡村旅游的可能性和参与方式入手，对乡村旅游业态进行网络化组织，实现乡村社区要素与旅游发展之间的良性互动，从而充分调动乡村社区要素的积极性，并使其真正受益。依靠社区的力量实现乡村旅游的可持续、乡土文化的保护传承和乡村经济的再生。在业态上，避免设立不符合乡村景观情境的商铺，适当减少餐饮等同质化业态，复活老字号作坊店铺，创造互动性景观场所，再现传统商业文化。

4. 优化旅游收入分配，鼓励协同发展

旅游收入是回赠给乡村社区的公共福利，应由社区全体利益相关者公平享用。要开展旅游收入分配研究，制定从分配决策、审批程序、上缴、下拨、监管的各项环节细则；制定激励不同利益相关者协同发展的机制，加强利益相关者的决策参与，使之了解收入分配的主要目的和用途，公开细则内容并欢迎各方予以监督；鼓励、挖掘乡村社区协同发展实践案例，并将其成果分享、推广；鼓励通过不同旅游收入开拓多途径的资金来源，为乡村景观保护和发展提供资金保障。

四、保护乡村社区价值的策略

1. 促进居民和游客的文化价值共识

旅游发展带来乡村社会结构的变化，其景观主体也由居民变为居民与游客共生，在这种现实背景下，保护乡村景观特征的关键是找到居民和游客的共同价值。将乡村打造为居民与游客共享的和谐乡村，不仅是乡村景观保护的需要，而且对于中华民族传统地域文化的传承具有重要意义。首先，是对物质景观地域特征的有效保护，传统空间环境的保护是传统文化意义得以延续的必要条件。在旅游发展下，需要加强居民和游客对乡村景观格局、整体空间肌理、历史脉络节点等典型物质景观要素的理解，认识到景观情境的价值。其次是加强对地域传统文化的认知与传承，居民对这片土地了解使用最多，他们对乡村展现出的文化价值与特定内涵的理解与认同，

不仅影响着他们的生活方式，也是进行保护工作的基础；同时，对乡村所蕴藏的环境空间价值、美学艺术价值、社会文化价值的深入了解和认识，也会增强居民的"文化自觉"和游客的文化认同感，有利于保护其真实性与完整性。

2. 居民社区生活的保护

乡村中的特色景观空间对游客具有强烈的吸引力，是其感受乡村传统建筑文化的重要媒介，在乡村旅游发展的过程中要保护和利用好这些景观特色，并加强体验性和互动性。通过标识设计和解说系统对游客行为进行积极引导，使其能够深入体会乡村景观所蕴含的文化内涵，发挥乡村旅游在传统文化保护传播中的积极作用。同时，高密度的人流会给景观保护带来压力，要特别加强对沿街建筑、景观、铺地等物质要素的保护和修缮；区位优势也会吸引大量的商业集聚，要注重对店铺数量、业态、形式的管理和控制，防止乡村过度商业化，保护乡村特有的气质和风貌。

乡村不仅是旅游空间，更是当地居民生产生活的依赖，留住人才能传承当地的文化。乡村旅游的发展不是要把整个乡村每个地方都变成旅游空间，而是需要协调当地居民与游客的行为需求，通过空间规划给居民保留一定的生活场所，尊重居民的生活需要，维护居民乡土环境，促进旅游业与居民生活的和谐发展，保持乡村独有的地域特色。如同里古镇中的一些小巷、备弄，巧妙地在结构上隔离了游客的喧闹，空间布局智慧地区分了不同功能：幽深狭长的备弄虽然鲜有游客到达，却连接着各家各户的主要出入口；多与河道垂直的布局具有良好的通风效果和风景园林小气候，是当地居民休憩、聊天的重要活动空间，保持了宁静的氛围。对于这些空间，未来规划中要尽量保护其安静的景观风貌和恬淡古朴的生活气息，避免大规模的开发利用，以实现居民与游客活动空间的"共生"。

3. 乡土文化的保护和传承

旅游活动可以带动乡土文化的活化，通过旅游产品促进乡土文化的传播与传承。在旅游发展过程中，基于景观情境的感知将文化活动空间融入乡村景观，应弱化刻意展示功能，强调生活文化性。物质文化、生产活动、生活场景等展示空间不再局限于传统的博物馆、展览馆形式，可以采用传统建筑知识科普教育与历史文化景点展示讲解相结合的方式，在游客游览的动态过程中通过图文、语音等，使游客的感知自然地渗透到各类景观空间。使生产活动与生活场景日常化，利用真实的空间活动展现村民的生活智慧，而非生硬地表演给游客，保护和营造具有较高活跃度和真实性的乡村景观情境。文艺戏曲、民俗活动等表演空间可以乡村祠堂、打谷场等传统空间为背景，去"舞台化"。通过传统工艺与现代商业相结合、传统生活方式与现代民宿文化相结合、民俗节庆与文化旅游空间相结合，推动旅游与乡土文化传统的空间耦合发展。

4. 传统生活方式的保留与发扬

旅游的发展已经将乡村由纯粹的生活性场所转变为以观光休闲为主的旅游地，当地居民的生活方式和文化随着旅游业的发展和生活水平的提高也在发生一定程度的变化。未来的发展应当根据居民的需求与行为进行引导与规划，在满足现代生活功能的基础上保留和发扬生态的传统生活方式，倡导乡村朴素、自然的生活理念，为游客提供一种不同于城市生活的生活体验。只有关注到旅游发展背景下乡村景观情境的整体性保护，遵循优化可行的发展模式，重视居民乡土环境和民俗文化的保护，才能提升乡村景观情境的感知质量、激发积极的旅游行为偏好，达到可持续发展的目的。

第四节 基于社区参与的乡村旅游业态网络化发展模式 [20]

乡村旅游发展中的诸多问题都与其业态有关，如乡村旅游项目雷同、模式单一、缺少特色，"农家乐"的吸引力逐渐降低。同时，严重的资金导向、对外来资金的高度依赖导致旅游开发盲目、无序，进而对乡村生态环境和文化景观造成破坏。研究探寻了社区力量与乡村旅游业态和发展模式的对应关系，通过对乡村旅游的发展业态进行合理规划和引导，建立一种以当地居民为主体、基于社区参与的乡村旅游业态网络化发展模式。

一、乡村旅游发展下的社区结构及特征

随着乡村旅游开发活动的推进，乡村社区的构成和特征发生了明显的变化。除本村原住居民出现了分化外，旅游投资商、外来经商者、返乡者、城市知识分子等外来社会力量的进入也对乡村社区产生了重要影响。乡村传统的社区结构及特征正在发生变化，利益相关者的构成要素更加多元、相互之间的关系更加复杂、社区内外的交互更新也更加迅速，使乡村社区稳定性减弱但社区活力增强。按照其经济属性和社会特征，乡村旅游发展下的利益相关者构成主要包括以下几方面。

（1）村委会：作为本村居民的代表，村委会是连接本村居民和外来投资商的桥梁，在引导村民参与旅游经营活动、分配旅游经营收入、反映村民利益要求等方面具有很强的领导和带动作用。而这些职能也使得村委会成员与普通村民有所不同，村委会要取得村民的信任，不要和普通村民成为矛盾的双方。

（2）参与旅游经营活动的村民：包括从事餐饮、住宿、商品售卖等旅游经营活动的村民；将自家房屋出租、收取房屋租金的村民；在旅游经营公司从事旅游服务工作，如售票、保安、清洁工作的村民等。旅游开发使这些村民的收入得到了不

同程度的提高，也使他们的生产生活方式和价值观念发生了变化，这部分村民对发展旅游业普遍表示赞同。

（3）未参与旅游经营活动的村民：没有参与旅游经营活动，仍保留原来的生产和生活方式，旅游开发没有为他们带来收入的增加，这些人以老年人居多。这部分村民反映旅游开发并没有使他们受益，反而游客增多后环境太吵、挤占了他们的活动空间。

（4）外来旅游经营者：乡村旅游开发后，外来投资者逐渐进入，大型投资商通常以土地承包、项目建设、雇佣员工等方式与本村居民发生联系，中小投资者则租赁本村居民的房屋进行商铺、住宿、餐厅等旅游经营活动。对这些乡村的"新人"，在获得旅游经营收入的同时，更要关注他们与村民的关系和谐，避免由于贫富收入差距、文化观念差异而导致冲突。

（5）乡村社区精英：这是一种新的乡村社区力量，他们出生并成长在乡村本土，但比一般村民接受的教育程度高、见识多、想法超前、行动力强，而且愿意在乡村带领村民进行乡村建设。乡村社区精英可能没有行政职权，没有开发商的大资本投入，但他们更熟悉本村的实际情况，更容易获得本村居民的理解、信任和支持，是未来乡村建设发展中的重要力量。

二、构建社区参与的乡村旅游网络业态

研究从乡村旅游发展模式与乡村社区的耦合关系出发，探讨如何基于乡村社区的发展建立乡村旅游业态的网络化模式。这种网络化业态组织模式更适合乡村旅游发展的特征要求，首先，可以突破乡村旅游发展的资金瓶颈，减少对外来资本的依赖，外来资本更倾向于投资那些自然景观及文化价值特别突出的传统村落，但对于大多数自然资源禀赋和文化价值一般的乡村来说，获得大规模外来投资的机会很少，而通过社区组织方式建立起的乡村旅游网络业态系统，可以使其在没有外来资本大规模投入的条件下也能逐步发展起来。其次，可以打破乡村旅游发展带来的贫富不均，避免旅游开发收益被少数人独享，社区参与意味着乡村居民在乡村旅游方案规划、项目开发模式、旅游开发利益分配等过程的切身参与，并可获得旅游业的从业培训和各种政策扶持。再次，可以提高游客乡村旅游的体验性和真实性，村民的积极参与可以为游客提供更加个性化、自由组合的乡村旅游项目，可以让游客体验到源自乡村真实生活的乡土文化，而不是商业化的表演。

1. 乡村旅游网络化业态的类型

根据社区要素的特点和乡村旅游发展的要求，乡村旅游网络化模式主要包括公共资源型业态、平台型投资业态、小微企业业态和一般性投资业态。这些网络资源要素及业态对发展乡村旅游而言是必要的，它们的建立和充分发展可以为乡村旅游提供基本的产品和服务，但一些业态具有公共产品的特点，需要社区要素之间的合作和统筹投入才能实现。

（1）乡村旅游公共资源型业态

功能及价值：乡村旅游公共资源型业态属于免费的公共产品提供，其供给的丰富度、获取的便利度、使用的满意度直接关系到游客的可达性和停留时间，有利于吸引游客并增加乡村旅游收入。同时，公共资源型业态是乡村景观、乡土风情、民俗传统、文化遗产保护传承的重要支撑，能够使乡村旅游在发展过程中保持特色，避免同质化和过度商业化。

主要项目内容：乡村景观环境、乡村历史建筑（宗祠、寺庙、塔等）、乡村公共休闲空间（慢行系统、街道、广场等）、乡村公共文化设施（戏台、纪念馆、民俗博物馆等）、乡村文化节庆活动（祭祀、庙会、体育赛事等）。

投资运作模式：公共资源型业态的价值不以收益作为评估尺度，而是考虑该业态给游客提供的容纳空间和吸引力。其公共性和非营利性决定了政府和乡村社区本身要进行公共投入支持其运转，如文化设施和传统建筑的修缮等。同时，也鼓励开发商在进行商业项目投资时进行公共资源型设施的配套建设，如景观环境的营造、节庆活动的举办等，而在这个过程中乡村社区本身要起到主导和引领作用，保证游客对乡村免费公共资源需求的满足。

（2）乡村旅游平台型投资业态

功能与价值：乡村旅游平台型投资业态提供乡村旅游的公共服务功能，为游客提供更加个性化、自由组合的旅游体验项目，提高其旅游活动的可达性和便利性，是激活区域旅游供应系统的基础。平台型业态更多带来的是溢出效应，业态本身的收益可能不突出，但可以给社区带来多样的消费收益。并且，当全面的网络覆盖实现后，丰富的体验及服务内容能吸引更多的游客分散至整个区域，可避免重要景点的超负荷问题，提供更大的旅游容纳能力。

主要项目内容：乡村旅游的信息网络、公共交通网络、驿站网络系统、自行车租赁网络、公共服务网络等。

投资运作模式：平台型业态有部分公共服务属性在内，初期很难形成规模效益，因此需要政府提供相应的扶持政策和资金支持，可以发挥乡村社区经营的带动作用。关键是实现平台与平台之间的接入以及平台型业态与其他业态尤其是小微企业集群的联动，通过促进乡村社区的融入，使其在平台上获得新的商业成长机会，也可以使平台呈现出多样性、丰富性的特征，实现与实体网络的有效整合，在其发展较为成熟的条件下，平台型业态就会产生投资吸引力，吸引投资商进驻。

（3）乡村旅游小微企业业态

功能及价值：小微企业是承担自助散客的主要载体，代表了区域的旅游经济活力，有利于将游客分散到更大的空间之中，提高乡村旅游的承载能力，是乡村旅游产业成熟的标志。小微企业的投资主体以本地村民为主，这既是对本村居民的扶持，通过带来就业和本地居民收入的增加支持社区经济发展，也是保护和传承乡土文化的有效措施，同时也能够给游客带来更丰富的本土文化体验。

主要项目：民宿、餐饮、土特产、手工艺品、生态体验等农业小微企业群，是本村居民参与乡村旅游的最主要方式。

投资运作模式：乡村旅游中的小微企业群以本地村民为主，也包括少量区域外的有特色、有经营能力并认同区域文化的旅游经营参与者。政府要提供孵化环境，提供租金、税收及服务支持；乡村社区要通过品牌搭建、区域营销、信息支持、技术服务等为小微企业提供市场支持，促进其服务能力和服务水平提升，引导小微企业在各类服务中都能获得机会，得到特色化、个性化发展，并逐渐形成积聚效应。

（4）乡村旅游一般性投资业态

功能及价值：一般性投资业态是整个乡村旅游投资范围最大的一类业态，主要指外部资本的注入，包含乡村旅游景区、游憩项目、酒店餐饮等各个方面。可以有效弥补政府、乡村社区以及当地村民投资的不足，通过资金、品牌、技术、管理经验的注入，丰富乡村旅游的内容，带动乡村旅游向纵深发展。

主要项目：各类乡村景点及设施，乡村游憩项目，各类娱乐设施、酒店、餐厅，运输服务公司等。

投资运作模式：一般性投资业态是乡村旅游开发中的外部力量注入，这类投资主要受投资环境和市场环境的自发引导。但在投资中乡村社区要根据乡村旅游开发的目标和原则，引导符合其特征要求的项目进驻和投资，坚持乡村环境保护优先、当地文化资源传承优先的原则，并能够真正带动当地乡村社区的经济发展（图5-1）。

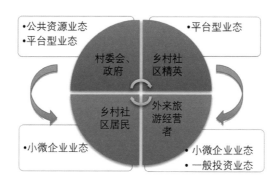

图 5-1　乡村旅游业态（图片来源：作者自绘）

2. 乡村旅游网络化发展实践——浙江台州金大田村

金大田村位于浙江省台州市新桥镇，历史悠久、景色宜人，有龙溪九曲、见龙在田等九大景观，民风儒厚淳朴，以耕读传家、科名鼎盛。但是近几十年，当地村民以废旧塑料拆解为业，产生的粉尘和污水带来了严重的环境污染，池塘发黑发臭，百姓怨声载道。2014 年开始，金大田村以发展乡村文化旅游产业为契机实现了村庄的产业转型和环境整治。

金大田村将乡村规划方案与当地村民进行了充分的意见征询和沟通交流，确定以展示民间艺术、传承乡土文化为主线，从村民参与、百姓受益、社区发展的角度逐步推进乡村文化旅游活动，并注重发挥返乡社区精英、外来投资者的积极作用，通过社区要素之间的合作，构建良性循环的乡村文化旅游业态网络化发展模式。

（1）公共资源型业态

镇政府和村委会先行进行公共投入、主动整治乡村景观环境，拆除 42 户的废旧塑料棚户加工店，迁移所有废旧塑料企业，彻底整治环境污染、建设生态公园；将 700 m² 的明清古建筑进行修缮，作为乡村文化礼堂，命名为"耕读堂"，这得到了村民的积极响应，有的村民翻出族谱，找到"敬宗、睦族、戒颂、纳赋、安业"十字族训，贴在文化长廊，有的村民送来古民居的石牌匾额，还有村民凭记忆从河里挖出被埋多年的古石桥，拼好后搬到"耕读堂"外，成为供村民休憩的石凳。[21]

村委会组织村民挖村史、推良俗，在村里的文化广场表演舞狮、魔术、启蒙礼等传统节目，端午节村民比赛摊麦皮、打陀螺，生动展现了具有地域特色的传统文化。村委会主动提供的公共资源型业态营造了良好的乡村旅游环境，吸引了众多游客来这里感受浓厚的文化底蕴和风土人情。

（2）平台型业态

鼓励村里的年轻手工艺者牵头，以"挖掘民间传统文化，支持原创手工艺发展"为目标，搭建"花田市集"手作原创基地平台，把一部分文化礼堂开辟出来作为手工艺店铺免费对外招募，吸引本村及周边的民间手工艺人纷纷赶来；陶艺、布偶、竹编、沙瓶画，将传统手工艺融入现代艺术创意，游客不仅可以观赏，而且可以参与现场制作，借助微信平台、网络平台的建立和推介，"花田市集"的知名度迅速提高，成为远近闻名的民间艺术手作基地和文化旅游体验平台（图 5-2、图 5-3）。

图 5-2　修缮明清古建筑作为村民文化活动场所——耕读堂（图片来源：作者自摄）

图 5-3　耕读堂部分改造为手工艺作坊——"花田市集"（图片来源：作者自摄）

（3）小微企业业态

"花田市集"平台的建立充分调动了当地村民的力量，实现了与小微企业业态的对接。除了农家菜、民宿、乡间客栈等形式外，越来越多的村民参与手工艺产品的制作、展示和销售。有的开了"东篱茶叙"陶艺吧，手把手教游客制作陶艺茶壶、香盘、小挂件；有的向大家展示农家手工白酒的酿造流程，游客一边观看一边品尝购买；有的展示草木染丝巾，丝巾由中草药染制上色，颜色渐变、清香扑鼻，游客纷纷预定。这其中有些是 80 后、90 后的本村年轻人，他们的返乡创业和对乡村旅游业态的参与，使乡土文化的保护和传承有了活力和支撑。

（4）一般投资业态

吸引外来文化旅游投资者落户金大田，一些外地的手工艺人入驻，开了扶雅书院、沙瓶画铺、明澈裁缝店等。金大田村的外来投资者主要是手工艺者，他们有着共同的情怀，想要保护、传承传统手工艺文化，商业诉求不是很强，外来投资业态和金大田乡村旅游的文化氛围相符合（图 5-4）。

图 5-4 村民自发建起的村民书屋——扶雅书院（图片来源：作者自摄）

　　在金大田乡村旅游规划及实践的过程中，坚持以社区参与为基础、以"花田市集"为品牌，充分调动了村委会、社区精英、当地村民、外来投资者等社区要素的力量，在没有大量外来资本注入的情况下，通过自身的发展形成了以传统手工艺和文化创意为特色的乡村旅游业态网络，尝试建立了一种新型的乡村旅游发展模式，这种模式对于我国乡村旅游开发是一种有益的尝试。其中，政府和村委会的先期投入和平台搭建是前提，与村民意愿及能力相符合的小微企业业态是重点，与乡村发展相一致的一般性投资业态是支撑。这不仅符合乡村旅游发展的特点和要求，使游客获得了真实的乡村文化体验，而且使乡村社区获得了经济发展、文化繁荣和活力再现。

第五节　案例分析：社区参与下的云南阿者科村乡村旅游发展[22]

前文介绍了红河哈尼梯田阿者科村的景观特征和价值，在其申遗成功后，大量游客慕名而来，旅游发展给阿者科村带来了巨大的挑战。本章探讨如何从社区参与的角度，通过合理的规划实现阿者科村文化景观的保护和世界遗产可持续旅游的发展。

一、旅游发展下哈尼梯田景观的变化

大量游客进入哈尼梯田观赏、摄影，游览方式单一，游客量大、停留时间短，而这种单纯依靠游客数量增长的发展方式不仅收益有限，而且对景观环境的破坏较大。长久以来，哈尼梯田依靠的都是自然的生态循环系统，山上泉水自上而下通过水渠流淌，分别为饮用水、生活用水、公厕用水，最后流到梯田作为农业用水，没有人工的污水处理系统和垃圾分类回收设施。而短时间内大量涌入的游客大大超过了这里的环境承载能力，破坏了这种自然循环净化系统。调研中发现，山上部分水渠已被垃圾堵塞、水源被污染，不仅无法保证下坡居民的正常饮水，而且已造成部分水渠干涸，局部梯田用水得不到满足，梯田耕作受到威胁（图5-5）。

图5-5　旅游发展后污染的水渠（图片来源：作者自摄）

阿者科村是为数不多的且现今保留较为完整的哈尼族传统村落，然而目前很多蘑菇房已经空置破落。有些草屋顶

已缺失，村落整体景观风貌受到影响；部分房屋破败不堪，屋内阴暗潮湿，居住条件极差；有些房屋的主人外出打工赚钱后对蘑菇房进行了搭建、改造，或舍弃了蘑菇房。67 幢民居中，挂牌民居 51 幢，要求严格保护、不得拆除；协调类民居 1 幢，需要修缮、恢复传统风貌；异化类民居 14 幢，需要进行整治，对其 3 层以上的高度进行降层处理并加设茅草顶，对墙面按传统风貌要求处理[23]。村落公共景观环境简陋、村容脏乱，进村只有 1 条坑坑洼洼的石头垒堆而成的石道路，极不便利；房屋间距参差不齐，公共空间较为狭窄，只有一个 10 ㎡ 左右的空地供村民活动。尽管当地政府对阿者科村内的蘑菇房挂牌保护，明确禁止村民拆建，但稍有财力的村民都迫不及待地在村口建起了新房子，村口存在大量违建房屋，影响整体村落风貌。一方面是传统民居原真性和完整性保护的要求，一方面是当地村民改善居住条件的迫切需要，二者的矛盾冲突不断（图 5-6、图 5-7）。

图 5-6　荒废的蘑菇房（图片来源：邱蒙 摄）

图 5-7　村口建起的新房（图片来源：邱蒙 摄）

阿者科的乡土文化神奇多彩，而随着人口的流失和生产方式的改变，哈尼族延续了千百年的稻作文化传承面临极大的挑战。很多依托哈尼人日常生活存在的传统民俗、民间歌舞、手工艺术、节庆活动也在改变或慢慢消失。以前，节日里哈尼人不管男女老少都会穿着最喜欢的衣服去荡秋千，如今村里的秋千却已经废弃；以前哈尼人待客是火塘边、水烟筒、焖锅酒，再来一段哈尼人特有的哀牢山的竹子一样有枝有节有根的歌声，如今酒香和歌声也越来越少。甚至民风民情也开始发生变化，小孩子会堵在村口向游客要钱，村里妇女做手工时看到有人拍照也会要钱。

可以看到，阿者科村的梯田、民居、乡土文化都在不同程度地受到外界的冲击，其价值存在现状不容乐观，乡村景观的真实性、完整性和可持续性受到挑战。而阿者科村在未来的发展中必将面对越来越多的游客，在这种现实条件下，如何保护、传承、发展阿者科村作为"哈尼梯田世界遗产地内保留最为完整的哈尼族传统村落"的核心价值？

二、建立社区村民对哈尼梯田的自豪感和归属感

采取现场调查、访谈的研究方法，调研村民对哈尼梯田遗产和旅游的看法，当地村民认为"梯田耕作技术是祖祖辈辈传下来的"，但并不知道什么是世界遗产，也不知道哈尼梯田的价值到底有多重要。说起旅游发展，当地人是欢迎的，因为"可以卖给游客东西，赚一些钱"，也有人反映"外面来的人多了，有些吵闹"。他们对外面世界很陌生、很向往，笔者说自己从上海来，村民说："上海，应该很远吧！"当地村民由于一直与外界交流不多，也不知道遗产旅游到底能给他们带来什么，会对他们的生活带来哪些影响，他们最迫切的希望就是能尽快提高收入、摆脱贫困，让生活好些。

针对这些问题，建议当地政府对村民进行培训和辅导，如制作《哈尼梯田遗产手册》，围绕"世界遗产地是独特的栖居之地"[24]展开，告诉当地村民他们祖祖辈辈居住的这块土地是非常珍贵的，哈尼梯田的耕作技术是充满智慧的，哈尼梯田是"大地的雕塑作品"，哈尼族人是"大地雕塑家"。告诉他们开展遗产旅游是因为有很多人对神奇的哈尼梯田和他们的文化感兴趣，我们会帮助他们参与旅游活动，他们也会从旅游活动中获得收益。但前提是他们要一如既往地爱护他们的家园，哈尼梯田的景观和文化需要在他们手中传递下去，他们是世界遗产地真正的主人。

阿者科村村民的受教育水平较低，尤其老人、妇女基本都没有读过书，日常生活以阿尼族方言为主，只会说一点点普通话，他们直接从事旅游服务工作还是有很大难度的。所以，教育和培训是实现社区居民利益的基础，除了语言培训，还有旅游服务技能培训（导游服务、餐饮服务、民宿服务、基础设施维护等），以及向当地年轻人传授特色手工艺制作、传统方式手工技能，介绍民俗节庆习俗等。

三、创造社区村民参与遗产可持续旅游的方式和途径

慎重考虑如何为当地人提供更加有价值的工作机会，使村民从遗产地旅游中获得收益，告诉村民可以做什么、能够做什么，列出一些居民能够从事的、可持续的旅游经营活动，进行引导和帮助。哈尼梯田的价值不仅在于视觉的美感和观赏性，更在于它折射出的人与自然相融相生的智慧，启发现代人类去尊重自然，这种教育体验是目前的旅游方式所忽视和欠缺的，也是我们规划的重点。实际上，教育和情感体验正是源于哈尼族人日常的生产生活，当地村民是最好的主体，可以为游客提供一些真实的、充满情感和教育体验的遗产地旅游活动，而不是脱离乡村景观真实性的主题乐园或表演的舞台。寻求一种真实感正是遗产旅游的重要动力 [25]，规划从以下三个方面提出了社区参与乡村旅游发展的途径。

1. 梯田耕作讲解示范

以展现世界农业遗产价值、展现世界文化景观遗产价值为核心，全面、系统地解说哈尼梯田的价值和特征，通过互动性、体验性的项目，增加游客对稻作文化价值的认识和理解。如设置"四素同构徒步线路"：寨神林－村庄主要水系－村庄主道－寨角梯田区，由当地村民介绍哈尼梯田的耕作流程和特点；设置10亩梯田耕作体验，让游客和村民一起播种、体验哈尼梯田的耕作与收获。建设红米生活体验馆，展示、品尝、销售哈尼梯田出产的红米，让游客更深切地感受到哈尼梯田的神奇与珍贵价值，通过村民与游客的互动，真实展现并解读哈尼族可持续的土地利用方式。

2. 开发哈尼文化旅游产品

以哈尼物产、哈尼民族文化为内核进行旅游商品的设计，引导村民传播哈尼美食文化，开发梯田系列美食：梯田鸡、梯田鸭、梯田蛋、梯田鱼、梯田泥鳅等；引导村民从事传统手工艺品的制作，如哈尼木雕、哈尼族传统服饰、竹编、草编、染织、哈尼族神话故事影视等，将哈尼族村民的文化生活水平提高与旅游发展结合起来。

3. 鼓励村民从事导游解说

解说系统是遗产旅游规划和管理的重要工具，通过培养对保护和欣赏环境的积极态度，提高游客体验的质量，并在旅游业和建筑遗产之间建立可持续的联系，可以确保对自然和文化资源的长期保护[26]。当地居民在接待游客和解读遗产价值方面扮演着重要角色，有经验表明，鼓励当地居民作为导游，依据自己的地方体验，进行口头解说、讲故事等，可以进一步提升游客的情感体验尤其是乡土文化的体验[27]。建议结合对社区居民的教育和培训，鼓励社区居民围绕哈尼梯田的核心价值，为游客介绍遗产地的知识、价值、故事、文化和相关活动，如日常的风俗、家庭的生活、当地居民自身对遗产地的情感，甚至包括当地的特色植物，而这正是中国目前遗产地旅游解说实践欠缺的，也是外来的导游无法提供的[28]。

四、通过遗产旅游的发展改善社区居民的利益

目前，阿者科村还不富裕，当地居民迫切需要提高收入、改善生活条件，这也应该是遗产地旅游可持续发展的使命之一。只有当地村民生活富裕了，他们才愿意安心留在当地。阿者科最主要的物产和收入来源就是红米，与现代高投入高产出的高碳农业相比，哈尼梯田传统农业不会破坏生态系统的再生能力，保持了本地物种和生境的多样性，建立了稳定、优质的水稻品种资源。但是哈尼梯田长期以来依靠原始的人工耕作方式，梯田米品质好但产量少、收入低，从事梯田耕种的年轻人越来越少，他们宁愿外出打工去赚取更多的钱。所以核心问题是如何鼓励当地居民继续在梯田耕作，直接惠及当地居民和吸引更多的年轻人回到村里，投身于农业生产。这需要政府的政策，也可以与商业企业合作、引入社会慈善机

构等，帮助哈尼族人进行红米的包装、销售和市场推广。规划提出了以下几个改善社区居民利益的模式。

1. 传统民居的改造和价值更新

蘑菇房是哈尼梯田文化景观遗产的重要组成部分，代表了哈尼族人的经济、技术、社会和审美。同时，蘑菇房有故事，有过去，也有记忆，表达了个人和集体的过去，具有民族和地方的象征意义。但是很多蘑菇房年久失修，无法满足村民改善居住条件的需要，这是一个值得重视的问题。有研究表明，在欧洲农村，许多传统的农舍已经失去了原来的用途，目前正经历一个逐渐衰败的过程[29]。在西班牙，据估计，相关机构拨出了 4 亿多欧元，用于在 1991—2000 年期间保护和维护农村文化遗产，这些资金的相当一部分用于将旧的乡土建筑改造成乡村旅游设施。所以，结合旅游功能对蘑菇房的创造性再利用是平衡保护与改善居住条件的有效途径。可以借鉴这些经验，结合哈尼文化体验赋予蘑菇房新的功能，如红米餐厅、梯田渔家、手工编织作坊、木雕制作展示馆、米酒体验馆、"原舍"民宿、哈尼博物馆等，不仅可以使游客体会到哈尼族传统民居的特色、了解哈尼人真实的生活，而且提高了蘑菇房的利用价值。加强对蘑菇房内部的修缮，有经验表明，相比较房屋的外观，房屋内部的改造比较容易接受。在尊重蘑菇房结构完整性、个性和形式的前提下，保护蘑菇房的原始外观、材料特色和风貌特征，尤其注意茅草顶的修葺，通过对蘑菇房室内的更新改造，满足村民现代生活的需要，将哈尼族的生活、文化、内在的精神传承下去。

2. 复兴当地节庆活动

通过旅游节庆活动，以前不从事旅游业的社区成员可以通过销售和推广本地区的特色产品，更多地参与旅游发展中来。在这个互动过程中，社区成员与其他居民分享了他们的身份，从而加强了社区居民的身份认同[30]。规划在村庄北侧，原祭祀房、磨秋场所在区域作为传统体育文化活动体验的场所，如哈尼的荡秋千、磨车等；在村庄西南侧，原寨神林所在区域作为哈尼传统节日体验区，如祭祀活动、苦查查节、昂玛突节等，平时则以说书、口述历史的形式讲述哈尼民族历史，更具仪式感。

乡村景观中人与自然持续发生着作用，社区居民是乡村景观不可分割的一部分。所以，乡村景观遗产地旅游的可持续发展，不仅要保护自然和生物多样性，更要保护土地利用方式的人类历史；保持传统的生活方式，在此基础上提供教育和理解，维护自然生态系统的和谐。而实现目标的关键就是充分尊重当地社区居民在遗产地中的主人翁地位，创造社区居民参与乡村可持续旅游的方式和途径，并通过旅游发展帮助社区居民提高生活质量和活力，使旅游产业能够对社区居民的行为活动产生一种积极、正面的牵引，能够主动进行乡村景观价值的保护、展现和传承。这是一个理想的状态，现实中仍面临许多问题和挑战，需要在未来的研究中持续观测和探讨。比如，外来商业力量已经逐步进入阿者科村，如收购村民的蘑菇房开设住宿设施等，在这种情况下，本地社区居民由于在资金、经营、受教育水平等方面的劣势，很容易在旅游开发中边缘化；而如果旅游产品服务全部由外来企业提供，当地居民的收益非常有限，也会影响游客体验。大量数据显示，这种情况会造成经济漏损，尽管旅游业为该地区带来了大量的游客，但他们很少说明旅游业在就业和营业额方面对社区的实际价值，旅游收入会流出社区[31]。所以，未来应更加关注阿者科如何为当地居民创造机会，建立自己的产业。

游客的进入必然会影响到建筑、设施、土地的利用方式，现代旅游设施很容易忽略对土地神圣性质的敏感性。更值得注意的是，乡村社区为了获得旅游市场的认可，存在着将遗产地变成"博物馆"的商业化风险[32]。如果博物馆、庆典、建筑和街景等历史展品仅以其旅游潜力为价值，它们可能会失去在社区日常生活中的作用，作为消费品的价值可能会压倒它们作为社区成员记忆场所的价值。未来应更加关注阿者科如何平衡游客需求与遗产地真实性、完整性的关系。

毫无疑问，哈尼族的传统文化是需要保护的非物质文化遗产，2001 年联合国教科文组织《世界文化多样性宣言》承认原著居民的人权保护的基础性作用，包括尊重传统知识及其贡献等。对大多数社区居民来说，文化和遗产与其土地密切相关[33]。经济利益的驱动、旅游业带来的外界文化、观念对社区传统的冲击，使得传统的耕作方式、语言、手工艺、音乐、舞蹈、祭祀活动等都面临危机。澳大利亚 ICOMOS 声称："地方的土著文化遗产意义只能由土著社区自己决定。"[34]但如果当地社区的选择是放弃传统、归于现代，放弃农业、投身旅游业，那么该怎么办？"为了使其他更广大的民众受益于世界遗产，地方民众是否需要做出牺牲，被迫保持传统生活？"

红河哈尼梯田自 2013 年列入《世界遗产名录》至今近 10 年的时间，旅游业的发展也开始起步，如何协调文化和遗产保护与发展的矛盾、减少旅游经济对村寨原生态的影响，如何通过旅游发展解决村民流失和空心化的问题，通过合理的利益分配使村民真正从旅游发展中受益等，都需要在实践中不断探索。未来，笔者将持续关注阿者科村的乡村景观变迁及旅游发展动态，定期采集、记录和分析当地社区的意见，希望能够从空间环境、游客行为、社区发展等方面做出一些研究。近年来，阿者科村的旅游发展也逐渐引起社会力量的关注，中山大学与当地共同启动了"阿者科计划"，通过社区参与的内源式发展模式，不引进社会资本、不放任本村农户无序经营、不租不售、不破坏传统，鼓励村民以村庄、梯田等文化景观入股，从旅游经济收入中分得红利。从而，使村民真正以主人翁的身份参与到村庄的保护和旅游发展中，建设阿者科原生态文化旅游村，使村民能够脱贫致富、获得乡村社区协同发展。

参考文献

[1]　HOPKINS J. Commodifying the countryside: marketing myths of rurality[J]. Tourism and recreation in rural areas, 1998: 139-156.

[2]　MACCANNELL D. Staged authenticity: arrangements of social space in tourist settings[J]. American Journal of Sociology, 1973, 79(3): 589-603.

[3]　BRAMWELL B, SHARMAN A. Collaboration in local tourism policymaking[J]. Annals of Tourism Research, 1999, 26(2): 392-415.

[4]　KANG S K, LEE C K, YOON Y, et al. Resident perception of the impact of limited-stakes community-based casino gaming in mature gaming communities[J]. Tourism Management, 2008, 29(4): 681-694.

[5]　GURSOY D, CHI CG, DYER P. Locals'attitudes toward mass and alternative tourism: the case of Sunshine Coast, Australia[J]. Journal of Travel Research. 2010, 49(3): 381-394.

[6]　PERDUE RR, LONG PT, SOON Y. Resident support for gambling as a tourism development strategy[J]. Journal of Travel Research. 1995, 34(2): 3-11.

[7]　COOPER C, MORPETH N. The impact of tourism on residential experience in central-eastern Europe: the development of a new legitimation crisis in the Czech Republic[J]. Urban Studies, 1998, 35(12): 2253-2275.

[8]　SHARPLEY R. Rural tourism and the challenge of tourism diversification: the case of Cyprus[J]. Tourism Management, 2002, 23(3): 233-244.

[9]　BYRD E T, BOSLEY H E, DRONBERGER M G. Comparisons of stakeholder perceptions of tourism impacts in rural eastern North Carolina[J]. Tourism Management, 2009, 30(5): 693-703.

[10]　周玲强, 黄祖辉. 我国乡村旅游可持续发展问题与对策研究 [J]. 经济地理, 2004, 24(4):572-576.

[11]　金慧华. 论发展项目对土著居民环境权的影响——以世界银行土著民政策为中心 [J]. 政治与法律, 2009(7):137-142.

[12]　LOULANSKI T, LOULANSKI V. The Sustainable integration of cultural heritage and tourism: AMeta-study[J]. Journal of Sustainable Tourism, 2011, 19(7): 837-862.

[13]　GILBERT S. Finding a balance: heritage and tourism in Australian rural communities[J].Rural Society, 2006, 16(2): 186-198.

[14]　余压芳. 自然村寨景观的价值取向及其保护利用研究 [J]. 中国园林, 2006(2):66-68.

[15] 潘娇 . 中国传统村落的生态伦理智慧对现代城市设计的启示 [J]. 艺术与设计（理论）,2020,2(7):55-57.

[16] UNITED NATION. Annex of the Rio declaration on environment and development. [EB/OL].1992[2022-02-12].https://www.un.org/en/development/desa/population/migration/generalassembly/docs/globalcompact/A_CONF.151_26_Vol.I_Declaration.pdf.

[17] TONG M K. To protect the world heritage for sustainable development[R]. China Cultural Heritage(5): 12-17.

[18] 韩锋 . 探索前行中的文化景观 [J]. 中国园林 ,2012,28(5):5-9.

[19] JAMAL T B, GETZ D. Collaboration theory and community tourism planning[J]. annals of tourism research, 1995, 22(1): 186-204.

[20] ZHANG L, QIU C. Rural tourism format network mode based on community participation: a case study of Jindatian Village of Zhejiang Province[J]. Agricultural Science and Technology, 2016(12): 2850-2854.

[21] 王霄瑜 . 台州路桥：赶走污染建起礼堂——金大田村播撒文化 [EB/OL].2013[2022-02-12]. http://zjnews.zjol.com.cn/system/2013/09/02/019569811.shtml.

[22] ZHANG L, STEWART W. Sustainable tourism development of landscape heritage in a rural community: a case study of Azheke Village at China Hani Rice Terraces[J]. Built Heritage, 2017, 1(4): 37-51.

[23] 元阳县政府 . 中国传统村落档案——云南省红河州元阳县新街镇阿者科村 [Z],2015.

[24] UNESCO World Heritage Centre, UNESCO Word Heritage Sustainable Tourism Toolkit[EB/OL].2015[2022-02-12].http://unescost.cc.demo.faelix.net/.

[25] HARRISON D. Contested narratives in the domain of world heritage[J]. Current Issues in Tourism, 2004, 7(4,5): 281-290.

[26] MOSCARDO G. Mindful visitors – heritage and tourism[J]. Annals of Tourism Research, 1996, 23(2), 376-397.

[27] ZEPPEL H, MULOIN S. Aboriginal interpretation in Australian wildlife tourism[J]. Journal of Ecotourism, 2008, 7(2,3): 116-136.

[28] YANG H Y, CHEN H. Analysis of tour guide interpretation in China[M]// RYAN C, GU H M. Tourism in China: destination, cultures and communities. New York: Routledge Taylor & Francis Group, 2009: 225-236.

[29] FUENTES J M. Methodological bases for documenting and reusing vernacular farm architecture[J]. Journal of Cultural Heritage, 2010, 11(2): 119-129.

[30] HWANG D, STEWART W P, KO D W. Community behavior and sustainable rural

tourism development[J]. Journal of Travel Research, 2012, 51(3): 328-341.

[31]   KIRSHENBLATT-GIMBLETT B. Tourism and heritage[C]// DAVEY G, FAINE S. Traditions and tourism: the good, the bad and the ugly: proceedings of the sixth national folklife conference 1994. Melbourne: The National Centre for Australian Studies Monash University and the Victorian Folk life Association, 1996: 25-30.

[32]   GILBERT J. Custodians of the land: indigenous peoples, human rights and cultural integrity[M]// LANGFIELD M, LOGAN W, CRAITH M N. Cultural diversity, heritage and human rights: intersections in theory and practice. London: Routledge, 2010: 31-44.

[33]   WILLIAM. Cultural diversity, cultural heritage and human rights: towards heritage management as human rights-based cultural practice[J]. International Journal of Heritage Studies, 2012, 18(3): 231-244.

[34]   APLIN G. World heritage cultural landscapes[J]. International Journal of Heritage Studies, 2007, 13(3): 427-446.

第六章
乡村旅游发展下村民与游客的空间共享规划策略

第一节 旅游发展下的乡村空间冲突 / 第二节 乡村空间行为冲突与感知冲突 / 第三节 村民与游客的空间共享策略 / 第四节 案例分析：上海闵行区革新村居游冲突空间分析与优化

旅游活动的介入使乡村空间尤其是公共空间的使用主体由当地居民转变为居民与游客共生，空间的功能也从单一的居住转变为商业、游憩和居住混合。而村民与游客二者之间在对乡村景观价值的认知上，存在着"相反"—"相离"—"共同"三种认知关系，在对空间行为感受上，存在着"相背"—"无关"—"共赢"三种感受关系，反映在乡村空间利用上，同样也存在着"矛盾"—"独立"—"共享"三种空间关系。由于空间资源有限，各人群的活动特征存在着明显的差异，居民与游客之间产生了不同程度的空间冲突，乡村作为居民生活与场所记忆的空间功能受到不同程度的影响，居民的场所依恋感知度降低，村民逐渐搬离，一些村落尤其是传统村落陷入舞台化、商品化与空心化的困境；而游客对景观和文化的真实度感知也逐渐削弱，使旅游发展趋于同质化、浅表化。这种空间冲突是乡村旅游发展的必然，是各主体之间利益诉求的空间外在化表现，体现了"不同单位或个体对于环境或资源使用的价值取向"[1]，强调了"竞争、矛盾、不协调、不和谐的空间关系"[2]。前文对游客的景观感知和行为偏好、居民的场所依恋和社区参与分别进行了调研和分析，在此基础上本章进一步聚焦二者在乡村空间使用及行为特征方面的矛盾和冲突，找到居民和游客的"共同价值""共赢机制"和"共享模式"。通过土地有效利用、公共空间使用率和功能的有机结合，进行互动性的规划设计和精细化的运营管理，提出空间功能优化、游线设计、游客行为引导等具体策略，以缓解不同人群之间的空间行为冲突，探索二者利用乡村空间的共享模式，实现乡村的"居游共生"。

第一节 旅游发展下的乡村空间冲突

一、乡村空间冲突

1. 空间冲突

"冲突"一词源自社会学，定义为"行为主体之间因某种因素而导致的对立的心理状态或行为过程"，包括社会冲突、经济冲突、环境冲突与空间冲突等。

而空间冲突主要表现为不同群体对于空间和资源的不相容，在多样化空间尺度背景下，冲突是"一种秩序的需求，是缔约双方一成不变地利用自己的方式建立秩序的最终结果"[3]。对于空间冲突，程进认为"空间冲突是相关利益个体或群体在区域发展和变化过程中，因空间需求、文化观念的差异所产生的矛盾和不协调关系"[4]；陈来仪认为"空间冲突是一种基于空间资源分配、空间关系变化、空间价值与意义变更以及空间与人的关系改变而产生的冲突过程，是失去方与获得方的冲突，是既定意义认可方与反对方的冲突，是空间使用过程中产生利益矛盾的多方冲突"[5]；周德认为"空间冲突是所有一切冲突的空间缩影和综合反映"[6]。尽管目前对于"空间冲突"还没有统一的定义，但总体而言，学者们所描述的空间冲突都是一种基于多利益群体在有限空间资源的争夺中表现出来的偏离理想状态的不协调关系，反映了空间资源分配过程中的对立现象。

空间冲突包括空间行为冲突和空间感知冲突两个方面，二者都反映了游客与当地居民之间对于空间功能利用方式的态度差异与不协调关系。在空间冲突的研究方法上，主要有问卷调查法、访谈法、层次分析法、模糊综合评价法、GIS 分析等方法，其中数理统计与空间图像软件分析是空间冲突测度研究的重要手段。

2. 乡村空间冲突

由于乡村空间资源的稀缺性和空间功能外溢性，在乡村旅游发展后必然会产生空间冲突的现象。旅游发展进程的加快带来短时间内乡村中活动人数的大量增加，在乡村入口、广场、街巷等公共空间，游客的集聚甚至造成空间的拥堵；而在村民个人生活的空间，游客由于猎奇心理也存在不请自入的现象，二者由于空间上的叠合产生了不同程度的冲突行为，不仅对居民的日常生活造成了一定的影响，也影响了游客在乡村中的游览体验。

国内对于乡村空间冲突的研究主要从心理感知、人群需求、行为模式等方面展开，如卢璐（2011）对宏村主客交往以及互容性进行了研究[7]；张彦（2014）研究了主客冲突对旅游目的地居民心理幸福感的影响[8]；吴丽敏（2015）以同里为例，基于居民的角度探究了旅游影响感知及形成机理[9]；常嘉欣（2017）从主客人群行为冲突的角度出发研究古镇空间形态的变化[10]；林祖锐（2020）综合村民和游客需求、用地功能、土地限制等因素对提出了旅游发展下传统村落公共空间的更新策略[11]；李早（2021）采用 GPS 行动实验对徽州村落街巷中居民与游客的行动及停驻分布情况进行调查，探讨了空间因素及组织模式对居游停驻路经的影响机制等[12]。综上，目前对于乡村旅游发展利益主体之间的矛盾现状、原因及影响等方面的研究较多，但从空间行为角度进行乡村居游冲突研究的还较少，尤其缺少量化和可视化的分析，本书以游客和居民的空间行为为切入点，将乡村旅游发展中居民与游客冲突空间的类型、特征、冲突程度及分布情况进行可视化分析。

二、乡村空间冲突产生的原因

空间冲突是群体之间对空间资源的利益竞争的表征，而造成空间冲突的原因是多种多样的。乡村旅游发展后，乡村内部空间同时包含了社区空间与旅游空间，其内部群体之间的利益关系更加错杂，土地利用、资源配置、文化意识、旅游秩序、利益分配等方面的矛盾都会表现为空间冲突。目前的研究较多关注于旅游发展对居民的影响效果，对于微观层面上空间冲突产生原因的讨论并不充分。研究结合实地调研访谈和思考，将旅游发展下乡村空间冲突产生的原因归纳以下几个方面。

1. 乡村空间公共性与私密性的冲突

村落公共空间作为居民的生活单元，其主要特点之一就是私密性，而旅游区则强调开放性与公共性，这两个区域的性质特点存在冲突。乡村内的广场等开放空间通常多为小面积空地、布局分散、结构和功能较为单一，常为居民打谷、晾晒的场所，缺少休憩和服务设施，无法满足游客交流、休闲、聚集的需求。而游客在好奇心的驱使下不仅要观赏，还要深入体验乡村生活，村民不得不将自己成长、熟悉的景观环境让位给游客，改变原本的空间使用习惯。同时，乡村基础设施及公共服务设施主要是以居民人口数量为参考设置的，旅游发展后使用人数增加，如果不对相关设施的容量及功能进行调整和优化，游客的加入很容易造成村落的公共服务质量下降，使得空间冲突程度加剧。

2. 游客行为需求与村民行为需求的冲突

游客在乡村中的活动需求主要包括通行、观览、消费、修学、疗养、文化体验等，而居民的活动需求主要包括居住、生产、休憩、邻里交往等，二者的活动类型、内容和特点差异较大，常住居民的日常公共空间往往会受到游客活动的干扰。比如村民喜欢在桥下、河边洗衣、洗菜，而改成了游船码头或游客的拍照取景地后，村民便较少出现了；村民喜欢在村口大树下乘凉、聊天，由于改成了游客服务中心或演艺广场，村民只能等晚上游客散去才能出来活动。如果游客数量不多，通过时间上的错峰使用可以适当协调公共空间的使用，但当游客规模过大或较为集聚时，则会对居民的生产生活造成较大影响。

3. 商业化业态与地方文脉传承的冲突

乡村旅游的一哄而上、简单模仿造成其业态类型单一，基本呈现出餐饮、民宿、美食、特产销售等业态，忽视了对乡村地方文脉、乡土特色的深入挖掘和精彩展现。同时，旅游的发展也带来了乡村景观风貌的改变，在经济利益的驱使下，为了迎合游客的需求，一些乡村进行了景观整治、改造和项目开发，使其景观变得精致化、标准化、绅士化，而村落本身的地域特征和文化多样性却在消失。这种乡村旅游供给方式导致游客行为基本以传统聚落观光、餐饮购物为主，如很多江南古镇都以蹄髈、糕团等美食为招牌，主要街道成为"美食一条街"，游客高度聚集、人头攒动，导致这些空间的冲突加剧。而一些原本承载了乡村文化记忆的空间，由于缺少合适的展现方式和参与感强的体验性设计，无法吸引游客前往游览，传统景观的价值没有得到全面的展现和传播，这种地方感的缺失，也使当地居民失去了文化认同和归属感。这些空间由于村民和游客很少到达和停留，与拥挤的商业街巷形成鲜明的对比，导致乡村内部冲突空间分布不均。

4. 传统空间结构与游线设计的冲突

传统的乡村空间结构一般具有较强的内向性，内部街巷多依据建筑组织留出余地，从外部无法辨别街巷空间，整体指引性较差。加之旅游开发后由于民居建筑的改建、沿街现代化商铺的出现等影响了村落整体的风貌，不协调的街巷空间界面更加无法对游客行为形成明确的引导。如果没有合理规划乡村旅游线路，街巷空间的交通功能就得不到有效利用，无法满足村民和游客交通、交流、交往的需求，游客游览路径的无序也会在一定程度上造成村民和游客在空间使用上的冲突。

第二节 乡村空间行为冲突与感知冲突

旅游发展下乡村空间的冲突包括空间行为冲突和感知冲突，空间行为冲突表现在旅游发展中游客这一群体介入旅游地时与当地居民发生的空间资源竞争，空间感知冲突是指由空间参与者感知到的集体冲突感知意识。对居民和游客空间行为的研究有助于认识两个群体在乡村中的行为特征、偏好和需求，探求空间冲突背后的内因与逻辑；对二者冲突感知的研究有助于识别空间冲突的程度和阈值，分析除了游客数量和分布密度，还有哪些因素会引起居游冲突。研究通过对村民和游客行为冲突和感知冲突的定量化分析，结合深入访谈，找到居游冲突的内在原因和外在表征，进而有针对性地提出缓解空间冲突的优化策略。

一、乡村空间行为冲突分析

行为冲突是游客和居民对空间资源竞争的空间反映，空间资源的竞争程度主要体现在参与空间资源争夺的人数和空间资源争夺的强烈程度两个方面。传统的问卷和访谈方法往往只能调研出居民和游客对空间冲突感知最深、最集中的区域，而周边区域则会因为印象不深、记忆模糊等问题出现感知的偏差或缺失。尽管目前关于微观空间层面个体活动行为冲突的研究还没有形成较为系统的量化表述方法，但相关研究已在不断探索中，如有学者尝试通过量化空间行为分析的方法来获得旅游影响的程度，从行为注记法到 GPS、手机数据等行为轨迹记录数据，可以越来越准确地分辨出不同人群的分布情况，识别出空间行为冲突的具体位置。本书也主要通过 GPS 及 GIS 分析技术获得并分析居民与游客的空间分布关系，并从空间关系中判断空间冲突分布及程度，探索群体活动行为的量化分析方法。

1. 空间行为冲突的评价指标

研究选取居民与游客的空间分布密度、居民与游客的数量比作为乡村空间行为冲突的评价指标。

（1）居民与游客的空间分布密度

空间密度反映了参与乡村空间资源争夺的总人数，在空间资源一定的情况下，人群的总密度越大，对空间资源的争夺程度就越大，则在此空间内发生行为冲突的程度越高。同时，人群密度表明活动对空间的需要程度，反映了区域对人群的吸引力，也是判断空间要求程度的主要指标。

（2）居民与游客的数量比

居民与游客的数量比反映了空间资源争夺的强烈程度，不同人群对空间资源的争夺是多维度的，且不同人群对空间资源争夺的强烈程度表现不一。在参与空间资源争夺总数一致的情况下，若游客与居民的数量相当，则该区域的空间性质较为模糊，易产生不同人群对空间使用的冲突；二者数量比例越接近，空间资源争夺强烈程度越大，即空间行为冲突程度越高。而从社区角度看，若外来游客的数量远大于原住居民的数量，可以判断该区域已经被旅游业所主导，空间主要是由外来游客使用，则外来游客对原住居民的影响程度会比较高，很容易发生极端冲突。因此，通过分析区域内的旅游者与居民的人数比例，可以发现区域中的空间冲突程度，从而判断该空间是否为冲突空间。

2. 乡村空间行为冲突分析方法

研究结合游客 GPS 空间行为数据及村民居住点数据的分布，进行空间行为冲突的分析。运用 ArcGIS 软件将 GPS 轨迹数据和居民居住点数据全部图示化，运用空间聚类分析的方法衡量空间分布的热点区域，从而发现各个人群在空间中的聚集特征，并通过比较得出其空间行为分布的共性和差异。在此基础上构建空间行为冲突指数（Spatial Behavior Conflict，SBC），对区域内的行为冲突程度进行识别与分析。运用 ArcGIS 分析方法可以将游客和居民的空间分布特征进行定量化分析和可视化分析，对比旅游者和居民的空间聚集热点可以较为清晰地判断出二者空间行为冲突的分布特征。

二、乡村空间感知冲突分析

通过对乡村空间冲突文献的研究发现，目前对乡村旅游影响的分析大多是基于感知分析方法，如通过问卷调研的形式获得居民和游客的感知，分析旅游对乡村发展的影响程度等。国内已有的乡村空间感知研究中，采用的大多数方法多为感知问卷调查和访谈等方法，且访问对象一般为单一的对象，如社区居民或游客。如李德山（2010）总结了旅游影响上升、居民空间冲突感知的表征等，提取了较为有效的冲突感知测量指标。空间感知的差异性分析也是冲突感知研究的一个重要方法，如旺姆（2012）对拉萨八廓历史文化街区的居民进行了旅游发展的感知调研研究，发现旅游的积极影响得到普遍的一致肯定，但旅游负面影响形成了分异；韩国圣（2017）对居民人群属性进行分类，探讨了不同属性人群对于旅游发展影响的感知差异。

1. 乡村空间感知冲突指标选取

冲突感知频次和心理感知 POMS 量表能够反映当地居民和游客对于冲突的心理感知程度，是分析乡村空间感知冲突的重要指标。一个空间区域被感知的频次越高，说明该区域的空间冲突越敏感、冲突越容易被当地居民察觉。而 POMS 量表则可以测度出处于该空间中的行为主体的心理感受，是否感到愉悦、轻松，或是紧张、焦虑，从而提取出感知冲突较高的区域。而感知冲突越集中代表该区域内的空间冲突越容易形成集体共识，处理不好会引发更严重或更大范围的冲突。所以在旅游开发使当地社会构成复杂化的情况下，认识居民和游客感知的空间冲突特征，可以为社区旅游空间规划和管理决策提供重要帮助。

2. 乡村空间感知冲突分析方法

通过游客和居民感知问卷、情绪状态 POMS 量表获取二者对乡村旅游影响的感知维度，归纳出空间冲突的内容，从中获得空间冲突的感知印象并判断空间冲突的程度。结合对受访者年龄、性别、职业、收入、居住时长等自身属性的分析，可以对乡村空间的冲突特征有一个大致的描述。但仅靠感知问卷并不能准确区分旅游社区内冲突区域的分布，并且从指导旅游空间规划及优化的角度，定性的感知策略归纳也不能有效地运用到规划实践中，所以还需要定量化的测定方法进行补充。研究结合空间冲突意向地图进行调研，识别了冲突空间的分布。冲突空间感知选择频次越高，POMS 量表中紧张、焦虑等负面情绪感知程度越高，说明该区域所发生的空间冲突问题显著性越强，越容易被当地居民感知。

POMS 量表是美国学者麦克奈尔于 1971 年发明的一种可以测量行为主体情感体验的、具有较高信度和效度的量表，包括 6 项指标，为紧张 - 焦虑（T）、抑郁 - 沮丧（D）、愤怒 - 敌意（A）、疲乏 - 惰性（F）和困惑 - 迷茫（C）和有力 - 好动（V），前 5 项为消极情绪状态，后 1 项为积极情绪状态，每项形容词均按 1 ～ 5 五级评分。祝蓓里教授（1995）修订并建立中国常模的简式 POMS 量表。根据乡村旅游和乡村空间冲突的特点，本研究对 POMS 量表进行了简化及修订，以较为简明、准确地测试出游客和居民在乡村中的情绪状态（表 6-1）。

通过居民的感知数据分析空间冲突的方法，可以快速地构建起整体的调查印象，对研究现象和冲突的把握比较直观。通过冲突指标衡量、冲突行为描述统计，可以从景观主体的视角反映出乡村内部空间具体的冲突问题，弥补行为冲突研究只能分析出空间冲突发生的位置、无法了解具体的冲突内容和冲突程度的不足。但冲突感知分析也有一些缺点，一方面，所得出的结论比较宏观，对于空间规划、

表 6-1 居民和游客的情绪状态量表

感觉	几乎没有	略有一点	适中	比较明显	非常明显
1. 友好的					
2. 快乐的					
3. 放松的					
4. 满意的					
5. 自豪的					
6. 精神饱满的					
7. 紧张的					
8. 生气的					
9. 烦躁的					
10. 愤怒的					
11. 倦怠的					
12. 沮丧的					

社区提升、旅游策划应用的指导性有限，可操作性不强；另一方面，结论精确性较难保证，如空间冲突的程度与居民感知的冲突程度是否真的匹配，不同类型的冲突在空间中的分布如何等。随着对空间冲突研究的深入，有学者已经意识到要具体解决空间冲突问题，需要将感知分析与空间填图调查结合起来分析，如布朗（Brown）提出了二维冲突倾向概念模型，通过调查居民、游客和商家对于旅游开发认同态度的共性和差异，分辨与评估冲突分布和程度等[13]；褚玉杰（2916）研究了旅游社区不同群体对于旅游发展的认知差异和冲突态度，多群体数据的比较分析精确地解释了冲突认知的空间分布，能够很好地加以规划应用，可借鉴性较高。这些定量与定性相结合的研究方法，既能总体把握居民的空间冲突认知问题，又能升入挖掘其空间分布，并很好地应用到规划实践中去。

三、乡村空间冲突分析模型

通过 GPS 获得游客和居民在村落中的空间活动轨迹数据，运用 ArcGIS 软件将游客和居民的空间分布图示化；通过意向地图问卷和行为标注方法获得游客和居民空间行为的分布特征。叠加统计空间单元被选择的频次，综合居民与游客主要的冲突空间分布情况，对冲突程度进行分析分级，按照高冲突区域、中冲突区域和低冲突区域进行冲突单元划分，确定冲突优化的优先级，并在 ArcGIS 中可视化，分析冲突行为的空间分布规律。根据空间数据、区域内人群密度、人群比例等客观数据，建立乡村空间主客冲突分析模型，并结合居民和游客对空间单元负面因子的感知频次、访谈的问题发现对模型进行修正。目前，公共空间冲突基本上是以空间或者心理的单维度分析为主，研究结合空间与心理两个维度来分析乡村空间居民与游客的冲突问题。进而基于乡村空间冲突分析与分析结果，根据空间分类、优化时序划分和主要的空间冲突问题，提出空间冲突的优化目标、优化原则与具体策略。研究旨在通过量化分析结果，为优化策略的提出提供客观、科学的依据，提高策略的可实施性。

1. 乡村功能空间划分

为了平衡空间功能的人群分配，空间区划一直是解决空间内人群冲突的基本方法之一。将人群合理地分开引导，可以合理地规划区域发展目标，以规划区域的空间性质，设定不同性质功能空间的人口数量阈值，减少不必要的人群之间的冲突。根据空间主要功能及其他量化分析方法的经验分析结果，可以根据乡村空间的功能和居民与游客的关系，将旅游发展下的乡村公共空间划分为三种类型：居 > 游的生活空间、游 > 居的商业空间与居游均衡的休闲空间。

2. 辨别空间冲突问题

根据居民和游客冲突感知的问卷结果，可以对各个区域的冲突情况进行具体分析，总结各个区域的冲突特征和核心问题，找到除了游客数量分布外其他引起空间冲突的因素，如人流引起的喧嚣嘈杂、烹饪的气味、垃圾环卫问题以及游客的行为方式带来的干扰等。通过对这些冲突问题的讨论与深入访谈，可以更有针对性地解决空间冲突问题，提出降低居民和游客冲突感知的优化策略。

3. 冲突空间分类

根据空间冲突指数计算结果，通过模型划定乡村内不同的冲突区域，分析各个区域居于怎样的冲突状态。结合对不同区域冲突特征的分析，对中心冲突区域、高冲突区域和一般冲突区域进行优化优先级判断，从而针对冲突程度和冲突问题合理地配置资源，对空间的优化进行有效率的改善（表 6-2）。

表 6-2 空间优化时序划分依据

分类情况	区域分类	优先级
冲突指数极高	中心冲突区域	优先提升区域
冲突指数较高	高冲突区域	次级提升区域
冲突指数一般	一般区域	一般提升区域

综上，本书通过结合空间行为分析和感知分析的方法，提取空间行为数据和冲突感知数据中可以代表空间冲突程度的指标，进行空间冲突分析模型的构建与分析，客观地分析乡村公共空间的居游冲突程度。同时，对不同冲突区域的景观环境特征进行分析，提取冲突程度较高区域的空间结构特征、景观要素构成、商业业态分布等，提出具有规划设计指导意义的冲突空间优化策略。

第三节 村民与游客的空间共享策略

一、居游空间共享的必要性

分析旅游发展下乡村空间的冲突分布及特征，可以更好地表征出不同主体的利益关系与利益诉求。然而由于传统村镇公共空间资源的有限性与景观价值传承的需要，实现完全的居游分离并不现实，空间共享、居游共生成为发展所需。虽然居民与游客在公共空间的使用上存在种种矛盾，但在居游活动的双向交织下，村落空间中居游共享与互动有所增强，为研究居游双方在公共空间上的共生提供了可能。

居游空间共享由共生单元、共生环境和共生模式三个要素构成。居游共生关系的形成由居民和游客作为两个共生单元，以乡村的物质环境与社会环境作为其共生环境。共生环境由各种共生界面组成，共生单元之间在共生界面进行物质、能量、信息的交流，乡村的各类公共空间构成了居民和游客两个共生单元之间关系产生的共生界面。对于居民来说，居游共生有助于阻止居民流失与空心化，提高居民对于村落的满意度与认可度，留住居民的生活环境，唤醒居民建设乡村的主人翁意识，从而有效避免旅游发展下千镇一面、千村一面的问题；对于游客来说，居游共生有助于游客在乡村的原生环境中深入感知具有地方性的特质与文化景观价值，从而促进乡村旅游的可持续发展。

二、居游空间共享的策略

从解决空间冲突、实现空间共生的解决策略来看，现有研究主要基于认知层面的冲突分析，从社会学、管理学等角度提出空间冲突的解决策略，这些策略以政策的形式提出，虽然有宏观的指导意义，却很难落实到具体的规划设计实践中。因此，有学者开始思考如何进行有效的、实施性更强的空间冲突治理，如空间功能划定、空间问题治理、人群引导、空间设计方法等，有效地解决了一些空间冲突的问题，值得借鉴。如黄燕等人总结了旅游区空间冲突的表现，从空间区划、公众教育、社区参与、利用控制等方面提出了解决策略[14]；黄潇婷从时空行为学的角度出发，通过量化分析游客活动轨迹，提出了适宜不同人群属性的旅游线路设计，以人群引导的思路进行了空间与区域划分，有效地减小了空间冲突[15]。从空间角度进行冲突研究可以更具体地指导规划设计，分人群引导策略加入空间数据的分析，可以使优化策略更具有科学依据。在居游关系方面，已有研究更多停留在协调矛盾冲突的分析上，采取规划手段上的分区分离，少有从共生视角出发，研究居民和游客之间的共享共存空间如何优化；在研究维度方面，主要是针对村落整体风貌或保护建筑方面，较少关于乡村内部公共空间的共享模式的探讨；研究方法主要以定性分析为主，缺少量化指标的系统性分析；对于多利益主体研究虽采取了相关性分析和结构方程模型，得到影响主体关系的几大因素，但较少能落实到具体空间上进行景观要素的提取，对规划实践直接的指导意义有限。

研究基于空间行为冲突和心理感知冲突的定量化分析结果，以空间区域划分、空间问题感知和空间综合分析的结果为依据，从保障居民活动空间、完善空间功能、增强村落空间文化性、完善共享机制等方面提出空间优化时序的策略。如居＞游的生活空间，活动人群以原住居民、租户人群为主，人群活动类型主要是日常生活性的活动，包括生活性街巷、民居类建筑、祠堂类建筑等；游＞居的商业空间，活动人群以游客为主，原住居民对空间的使用频率及空间占比低，人群活动类型更丰富，活动场所更具活力，呈现外向型活动特征；这类空间在设施分布、自身功能等方面已经具有外向开放性，包括商业性街巷、传统商号店铺、具有独特建筑特色的文物建筑、古树古塔等。居游均衡的休闲空间，如桥头、水埠、广场等并未具有明显的生活或商业特征的公共空间，空间使用者往往并不具备明显人群倾向。而居民与游客的行为互动模式可分为过客式交往、边缘式交往与融入式交往三种类型。

根据不同空间的特点和交往行为的类型，一方面，在规划中可以通过居游人数的协调和控制缓解空间的物理冲突，在保障乡村旅游服务质量的同时，保持当地居民生活空间的可持续性，合理分配空间资源、减少居民和游客在空间中互相作用的不协调程度和发生冲突的可能性；另一方面，可以通过居游行为的引导，实现居游行为共生、居游行为互容，在规划中增加积极互动的空间，防止乡村旅游开发带来的空间感受恶化、空间开发失调和空间结构失衡等问题，实现旅游激励下乡村景观的保护和有效利用。

三、居游空间共享模式

1. 延续传统空间肌理，保障居民活动场所

居民的生活气息与氛围是乡村历史文化与人文价值的活态体现，居民是参与乡村景观保护与旅游可持续发展的重要保障。应特别关注乡村居民的日常生产生活需求，保护居民居住空间、加固修缮传统民居建筑、保持原有街巷空间肌理、保证民居庭院整洁和道路畅通[16]。要保留积极的乡村文化习俗和生活方式，如民俗节庆、民间曲艺、手工制作等。避免由于旅游发展过度侵占村民的生活空间，防止过于现代化、过多的与传统文化无关的业态进入。为弥补乡村业态单一给居民生活带来的不便，建议完善乡村集市、文化馆、广场等公共服务设施，保障居民日常生活的便利性。

2. 完善空间功能，提升游客游览体验

在乡村旅游中，游客对于空间的需求主要表现在自然性需求、定向需求和精神上的多层次需求[17]。为避免游客活动因空间功能单一而出现高聚集性的情况，建议通过赋予空间多样化功能、活化利用乡村建筑等方式，使村落空间具备有效吸收和降低冲突带来的负面影响的能力。满足游客游赏和休闲需求，配套相应的服务性设施，营造尺度舒适、布局合理的步行游览空间。完善道路交通网络、构建清晰的空间结构、塑造具有丰富层次的街巷空间，形成便捷、多选择性的游览线路，并设计完善清晰的交通标识对游客进行有效引导。对于人流量大的重要节点，应为游客提供足够的活动空间，同时保证绿化、水系、建筑的美观性与文化内涵，配备以人为本的服务和休憩设施，以提升游客的游览体验。

3. 注重文化表达，增强村落空间趣味性

挖掘并展现乡村历史文化特色、保护并利用传统文化空间、延续村落技艺和文化并塑造空间形态的多样性和复杂性，从而促进各空间之间的联系，为人们提供丰富的景观体验。通过不同空间的多样功能分配形成良好的空间关系网络，保证空间格局的连续性与完整性，以提升乡村公共空间对冲突的应对能力[18]。在乡

村空间节点的塑造方面，建议保留特色街巷及商业店铺，并对村内的废弃空间进行修缮，改造为传统院落、民间技艺作坊和民俗文化广场等，形成标志性空间、提高空间吸引力；提取具有地域文化的色彩、物件、图案、符号等，植入在牌坊、雕塑、浮雕墙、设施、标志牌等景观上；滨水空间应突出水体景观的展现、亲水空间的设计和休闲空间的塑造。在空间文化氛围营造方面，传统文化是展现地域特色的重要方式，可利用村内的集散空间举办相关文化活动，修缮名人故居并对周边开放空间进行优化和设计，向社会公众开放。在居民意识提升方面，鼓励与引导村民积极参与乡村历史文化遗产的保护，增强居民的文化认同感、精神归属感与经济获得感，带动居民自觉维护乡村文化特色[19]。这些物质和非物质文化的注入，将赋予乡村空间丰富的场所精神、提高乡村空间的活力，从而使更多的空间能够对游客和村民产生吸引力，减少局部热点空间过于聚集带来的空间冲突。

4. 完善共享机制，促进居游和谐共处

引导居民回归传统生活空间、创造居民与游客的共享空间是缓解旅游发展下乡村居游冲突的重要途径，也是发挥乡村作为文化景观价值的必要措施[20]。完善资源共享机制，促进古建筑、村落环境、基础设施、旅游服务等资源的共享，形成居游互惠共赢的局面。协调分工旅游项目开发、品牌共建、利益共享，有效促进共生单元间的协作，形成共生关系，实现乡村内部环境的合力提升。在资金保障、用地支持、专家参与、产业发展等宏观环境方面，应巩固居游共生系统的稳定性，营造和谐的合作氛围，践行"开发促进保护"新模式，实现乡村居民与游客的和谐共处[21]。

乡村聚落空间和公共空间是历史文化和风俗民情的重要载体，是体现村落文化和公共精神生活方面的重要部分。随着旅游业的发展，乡村空间的使用对象由单一人群向多类人群转变，居民与游客在很大程度上对公共空间有着不同的需求，由于空间资源有限，居民与游客在公共交往的活动区域内存在难以避免的矛盾和冲突。在乡村景观的保护与旅游发展中，基于多元主体的使用背景，应注重公共空间的改善与利用、开发公共空间的综合功能、强调历史文化价值的挖掘，实现乡村空间资源的共享。

第四节　案例分析：上海闵行区革新村居游冲突空间分析与优化

革新村位于上海市闵行区浦江镇，村域面积约 237 公顷，包括 14 个村民小组。村落源于元朝初期，横跨元、明、清三个朝代，保存有较多明清及民国传统建筑，阡陌纵横、水网密集，农田、林木与古镇村落交相呼应，具有典型的江南水乡风貌特征，是第一批国家级传统村落。其中最具代表性的是位于村内十三组内的召稼楼区域，面积约 7.60 公顷，分布有规模较大、保存较完整的"礼耕堂""梅园"等传统建筑，有召楼大曲、召楼羊肉、召楼拆蹄等"召楼三宝"，是上海最早垦荒种地的地区、上海"重农礼耕"文化的起源和传统浦东文化的重要代表，2015 年召稼楼被评为国家 AAAA 级旅游景区，吸引了大量的游客，本次的研究对象主要集中在革新村的召稼楼区域。

召稼楼沿姚家浜两侧而建，呈东西向矩形分布，刘家河、东小港等河流交错其间。"丁"字形街巷格局，平西街、兴东街通过复兴桥东西向联通，保南街与仁善街呈"丁"字布局，众多巷道与主要街道垂直相交，并引入街坊内部，形成鱼骨状的街巷体系。商铺、酒店、农家乐与桥梁、雨廊、戏台、亭子互相杂糅，形成连续的空间格局。被河道分割的小块坊里之间则有小桥相连，桥的大小和形式各不相同 [22]，街河相依、街巷交错，形成了紧凑的空间布局（图 6-1）。

近年来随着旅游业的快速发展，召稼楼公共空间的居游矛盾逐渐显现：2019 年召稼楼年均接待游客量为 420 万人次，高峰日游客超过 1 万人次，为当地居民的 5 倍之多。十字主街平西街、兴东街沿街的多数建筑由民居转变为底层商铺，置入了大量以美食特产为主的商业；北门被规划为游客集散的出入口，滨水码头和穿插于街巷中的小型广场变为游客休憩的主要场所。大量游客的涌入占据了居民原有的居住、生活、集市和社交空间，对居民的日常使用产生挤出效应，不少居民开始外迁，原有独特的记忆场所逐渐消失 [23]。大量同质化的业态使其与其他江南旅游古镇无异、呈现"千镇一面"的现象；尽管游客众多，但多是走马观花

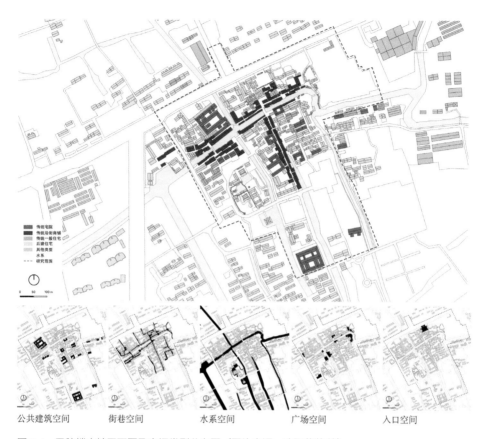

公共建筑空间　　　　街巷空间　　　　　水系空间　　　　　广场空间　　　　　入口空间

图 6-1　召稼楼古镇平面图及空间类型分布图（图片来源：欧阳慕莹 绘）

的观光游，游览时间较短、游客对当地传统景观和乡土文化的感知度偏低，重游意愿不强。召稼楼存在的问题对传统村落居民与游客空间冲突的研究具有较强的代表性。

2021 年 2 月，课题组对基地进行了预调研，梳理了基地内不同地块的空间功能、景观特征和人群活动偏好。根据召稼楼主要街巷、水系、桥梁、景点分布及土地利用规划、业态分布等基础数据，将基地划分为 26 个分析单元，以此作为空间冲突分析的研究对象（图 6-2），每个空间单元的功能相近、空间边界较为一致。

课题组于 2021 年 4 月 23 日进行了数据调研工作。通过认知地图 [24] 的方式获得村民活动的空间数据，分析革新村居民在召稼楼区域的活动情况，关注居民的生活空间分布及空间使用体验。通过 GPS 轨迹数据采集方式获得游客活动的空

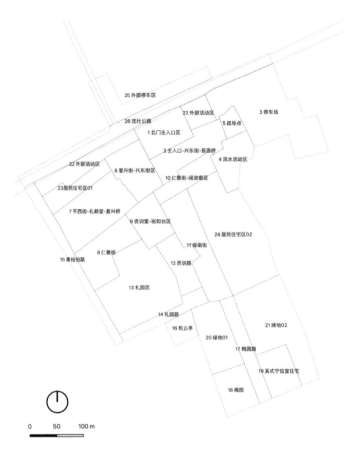

图 6-2 研究基地空间单元划分（来源：欧阳慕莹 绘）

间数据 [25,26]，分析游客的游览空间分布及景观感知。在此基础上，将二者的空间活动数据进行叠合，识别出居游活动的冲突空间，量化分析空间冲突现状，并对冲突程度进行分类，从而有针对性地提出空间优化策略。

一、村民活动空间分布及特征

调研请革新村当地村民在认知地图上勾画他们常去的场所空间，地图发放对象包含居住在召稼楼的居民及从革新村其他村组到召稼楼活动的居民。调研共发放认知地图 252 份，回收 252 份，剔除信息不全的居民问卷，获得有效地图 142 份、场所认知标记点 495 个。对上述认知地图数据进行了编号、叠加和判读，建立了居民活动空间数据库。

采用 QGIS 3.18 软件对居民认知地图数据进行整体性分析，将 495 个认知地图标记区域进行几何校正，通过软件将标记点在分析单元中进行叠合，采用核密度估计（kernel density estimation）直观展现居民在召稼楼的活动强度分布情况（图 6-3、图 6-4）。在软件中将选择频次与空间分析单元进行赋值，从红色到蓝色代表了居民活动的选择次数。在 QGIS 3.18 软件中使用自然间断点法（natural breaks）将居民选择频次划分为三个强度区间，分别为高强度活动区（选择频次 29.60%—21.10%）、中强度活动区（选择频次 21.10%—14.10%）和低强度活动区（14.10%—0.00）。居民高强度活动单元主要分布在保南街区、主入口—兴东街—报恩桥区、平西街—礼耕堂—复兴桥区，主要行为活动包括路过、散步、购买美食特产和生活用品等，另有部分居民在此承担保洁、安保等工作；中强度活动空间单元主要分布在居民住宅区 02、复兴街—兴东街区、礼园路、仁善街、资训路、北门主入口区和秦裕伯路，居民的行为活动以购物、停留、交谈、摆摊售卖和散步为主；低强度活动空间单元则主要集中于滨水活动区、资训堂—裕如台区、疏导点和礼园区等，居民主要的行为活动有：路过、短暂停驻和在公园中活动等。此外，离主入口较远的梅园、奚式宁俭堂住宅等历史建筑区域和未开发的绿地几乎没有居民活动。

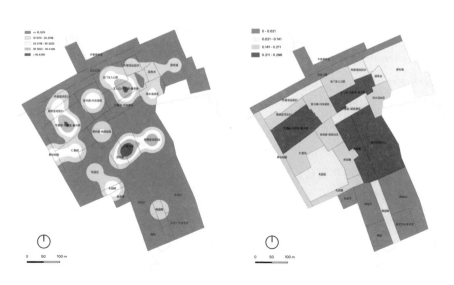

图 6-3 居民活动强度空间分布图（来源：欧阳慕莹 绘）

图 6-4　居民行为活动图（来源：欧阳慕莹 摄）

二、游客活动空间分布及特征

在游客必经的北门主入口和停车场设置两个调研点，向游客随机发放美力高（Metrick）MT90 型 GPS 个人追踪器，游客在上午 10 点至下午 4 点活动期间携带该设备以记录活动轨迹。剔除误差较大、游线总长度低于 500 m 的无效数据 27 条后，获得 132 个有效 GPS 样本。对轨迹进行纠偏处理后，为获得游客轨迹点准确数据，将轨迹用 0.5 m×0.5 m 网格格网化，生成轨迹点，并剔除落点于河道、未开发绿地和建筑上的数据点，从而共获得游客轨迹点 607 232 个，能较好地反映游客活动的空间分布情况。

根据游客轨迹点分布数据，利用 QGIS 3.18 软件对游客轨迹格网化后的点进行核密度分析，并利用自然间断点法将游客活动强度分为三个等级，分别为高强度活动区域（值 >1999）、中强度活动区域（1000< 值≤1999）和低强度活动区域（0< 值≤1000）（图 6-5、图 6-6）。可以发现，游客高强度活动

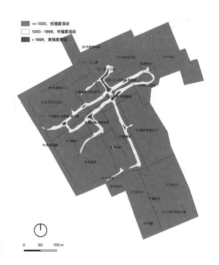

图 6-5　游客活动强度空间分布图（来源：欧阳慕莹 绘）

图 6-6　游客行为活动图（来源：欧阳慕莹 摄）

空间单元主要为北门主入口区、主入口—兴东街—报恩桥区、仁善街—阅波廊区、平西街—礼耕堂—复兴街区和资训堂—裕如台区，主要行为活动包括：集散、观光、拍照、停留休息、购买小吃和特产等；中强度活动区域为保南街区、滨水活动区、资训路、礼园区等，主要行为活动包括：划船、购买小吃、观光、拍照、休息集散、游览历史建筑等；低活动区则为梅园、奚式宁俭堂住宅、秦裕伯路和外部活动区等，该处的游客活动以路过、观光、拍照和短暂停留为主。

三、叠合分析——居民与游客冲突空间识别与分类

1. 居民与游客空间冲突程度分布

在 QGIS 3.18 软件中将居民和游客的活动强度空间分布数据进行叠合分析（图 6-7），根据二者的叠合结果划分出三类冲突空间类型。高冲突空间单元是居民和游客人群最集中、使用率最高的区域，主要是主入口—兴东街—报恩桥区，该区域位于主入口的衔接处，不仅承接了大量游客，也是居民出行的必经之路，且空间关系呈现出由开敞广场到狭窄街巷的转折，加之该处商业以美食、特产售卖为主，形成了人流量大、空间狭小和人群拥挤的现象。中冲突空间单元是居民和游客较为集中、使用空间有一定叠合的区域，包括平西街—礼耕堂—复兴桥区、资训堂—裕如台区和保南街区，前两个区域临近次入口，由于分布有大量沿街商

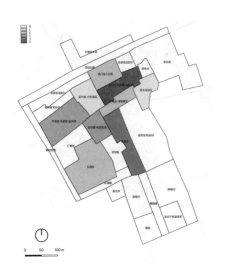

图 6-7 居民与游客空间冲突程度分布图（图片来源：欧阳慕莹 绘）

铺和历史建筑，人流量较大，使这两个区域人群冲突程度仍然较高；保南街业态主要为服务于当地居民的小商品零售，但由于临近南部入口及游客停车场且分布有赵元昌商号宅院、广志学堂故址和奚世瑜住宅等历史建筑，因而汇集了一部分游客。低冲突空间单元包含了游客活动为主的区域、居民活动为主的区域和居游活动均不明显的区域：游客活动为主的区域为北门主入口区、仁善街—阅波廊区、复兴街—兴东街区、礼园区、滨水活动区，由于服务于居民的业态和设施较少，居民活动频率相对较低，所以居游冲突程度不高；居民活动为主的区域为居民住宅区，说明村内的居住区域没有受到过多游客活动的干扰；居游活动均不明显的区域集中在未开发绿地、南部的历史建筑梅园、奚式宁俭堂宅院及其周边绿地等区域，主要是由于这些区域离核心景点较远，没有得到合理开发利用，所以居民和游客都少有到达。冲突节点及主要特征见表 6-3。

表 6-3　居民与游客冲突空间强度与提升优先级划分

强度	分析单元	主要节点	冲突特征描述
高冲突区	主入口—兴东街—报恩桥	望星亭、兴东街、观风亭、报恩桥	由于与古镇主入口衔接，是居民游客进入古镇的主要节点。该处街巷空间尺度小、人流量大，导致人群长时间停留，存在拥挤、环境污染等问题
中冲突区	保南街	赵元昌商号宅院、奚世瑜住宅、刘家河桥	居民日常活动区域与游客活动区域重叠，存在拥挤问题
	平西街—礼耕堂—复兴桥	平西街、礼耕堂、复兴桥、礼耕桥、印月亭	衔接西部次入口，业态分布密度大、街巷空间狭窄，居民与游客均在此购物，存在拥挤、环境污染等问题
	资训堂—裕如台区	资训堂遗址、御如堂、资训桥、酒厢、纯佑桥	开敞的广场空间吸引了居民在此活动，而历史建筑又带来了较大的游客量，因此存在着主客争夺空间资源的问题

续表

强度	分析单元	主要节点	冲突特征描述
低冲突区	北门主入口区	游客中心、牌楼广场、典礼台、报恩门、兴东门	主入口空间开敞，能同时容纳多人活动，居民与游客冲突不明显
	仁善街—阅波廊区	阅波廊	滨水空间为廊式空间，街巷狭窄，尺度较小，以游客游览活动为主，居民活动频次较低
	礼园区	礼园、佑西路、叶宗行纪念馆、理水舫、知短亭、秦裕伯纪念馆、顾振烈士纪念馆	园区以大面积绿地为主，虽有较多游览节点，但是有封闭边界、入园将收取费用，故居民与游客到访次数较少
	复兴街—兴东街区	老街	空间体量小，次入口人流量较少，故冲突不明显
	滨水活动区	瑞晖坊、游船码头、姚湾	该处开敞空间面积较大，但位置较为偏远，且设施不完善，居民和游客在此活动强度均不高
	居民住宅区01、居民住宅区02	历史民居	以民居为主，暂未介入旅游开发，是主要的居民活动空间，游客很少涉足
	外部活动区01	沿街业态	业态少，主要服务于居民，且沿街界面现代化，不足以吸引游客
	外部停车区、停车场	停车区域	游客集散为主，居民活动较少
	疏导点	蔬果交易	多为外地商贩售卖蔬果，销售对象为游客，故当地居民活动较少
低冲突区	秦裕伯路、礼园路、梅园路	机动车道	离核心景点较远，道路宽敞，人流量少，冲突不明显
	绿地01、绿地02	未开发绿地	虽为开敞空间，但无吸引点和完善的设施
	梅园、奚式宁俭堂住宅	历史建筑及其外部空间	未得到合理开发，且距离入口和核心景点较远，居民和游客到访率最低

2. 空间冲突问题识别

从以上调研分析可以看出，革新村召稼楼区域的居游冲突问题主要表现在以下两个方面。

（1）居民活动边缘化，生活环境品质下降

旅游活动的介入对召稼楼区域原住居民、原有功能和原生文化产生了明显的"挤出效应"[27]。由于旅游产品开发、旅游项目的建设，原本服务于原住居民生活需求的居住、聊天、日用百货等功能空间逐渐减少，取而代之的是满足游客旅游需求的购物、餐饮、娱乐休闲等功能，使得居民与游客在公共空间中的活动时间与活动方式形成了矛盾。因此，居民本能地选择将房屋出租给外来商户、远离核心区域、重新构建生活和活动空间。

（2）游客活动集聚性强，空间承载力不足

受商业业态分布的影响，游客的活动主要集中在十字街巷空间，而在其他空间的活动轨迹较少。在这类游客活动呈现高聚集性的空间中，人流量大、街巷狭窄、空间拥堵，造成了噪声污染、环境污染等问题，杂乱无序的场景与村落的风貌格格不入，破坏了村落传统的氛围。而宗祠、戏台、传统宅院和滨水空间由于不在主要商业线路上，对游客的吸引力不足，造成游客游览体验的空间类型呈现单一化的特征、冷热点分布不均、局部空间承载力不足。

四、冲突空间优化策略

根据冲突空间的类型和存在的问题，将召稼楼空间单元分为高冲突——功能优化区、中冲突——居游共享区、低冲突——体验赋活区，对不同区域提出相应的优化策略，解决空间冲突、提升居民居住和游客旅游体验[28]，见图6-8。

（1）高冲突——功能优化区

高冲突区域建议以调整商业业态、缓解拥堵现状、提升游览体验为主。兴东街—报恩桥区域紧邻主入口，街巷空间狭窄、业态饱和、拥挤问题最为严重，建议优化临近滨水区域，利用平台节点为游客提供更多的停留休憩空间；充分利用古镇入口周边活动空间，适当增设商业和休闲设施，增加游客在古镇外部的停留

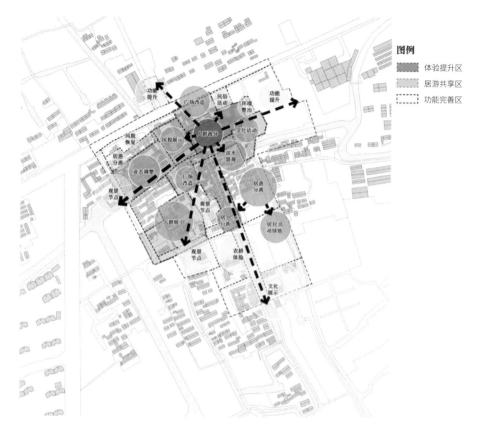

图 6-8 基于居游共享的村落空间功能分区 （图片来源：欧阳慕莹 绘）

时间；同时，优化东、西、西北三个次入口的景观界面，加强导览指引，以分散主入口高冲突区的游客数量。

（2）中冲突——居游共享区

中冲突区建议进一步优化居游共享功能，以缓解高冲突区的人群矛盾。在保南街入口附近的绿地适当增加休憩设施，使其成为居民和游客皆可活动的公共绿地空间，并通过标识系统引导人群前往礼园、梅园等区域游览，减少在保南街商业空间的停留。平西街—礼耕堂—复兴桥区域连接西部次入口并通往秦裕伯路，而秦裕伯路作为观赏村落景观全貌的绝佳观景点且位于低冲突区域，建议增加导览解说系统，引导游客到观景点以减少平西街的客流量。资训堂—裕如台区域，可优化周边的开敞空间，增设休息设施，通过空间功能划分的方式为居民和游客提供充足的游憩空间。

（3）低冲突——体验赋活区

低冲突区域建议提高可达性，未开发绿地可以分流和疏解核心活动空间的人流压力；梅园、奚式宁俭堂宅院及其外部空间，可以通过分节气、分时段、分种类举办不同主题的民俗活动、节庆活动，增加居民与游客的互动、丰富文化游憩体验[29]。需要注意的是，居民居住空间应继续保持居游互不干扰的现状，防止旅游商业的蔓延，避免游客扩散到居民居住空间，在旅游发展的同时能够继续为居民提供一个安静、优质的生活及活动场所。

可见，乡村旅游的发展，使居民和游客两个使用主体在革新村的冲突空间呈现出一定的分布规律和冲突强度，冲突行为表现也有不同的特征，但通过完善空间功能、保障居民活动空间、优化游览线路、提升游客体验等方式，可以促进乡村资源共享、创建居民与游客和谐共生的村落空间。一方面，村民是传统村落保护与可持续发展的重要保障，生活气息与氛围是传统村落文化内涵与人文价值的体现，应关注村民的日常生产生活空间需求，完善公共服务设施，保障居民日常生活。另一方面，针对游客的需求特点，在保护传统街巷和建筑风貌的基础上，配套相应的休憩设施，营造具有丰富层次的街巷空间，形成便捷、多选择性的游览线路；在人流量大的重要节点周边设计足够的活动空间，并通过清晰的交通标识对游客进行有效引导，如平西街、兴东街、保南街等主要拥挤的街巷，可以通过导视指引和实时管控的形式，及时将游客疏散到开阔的广场空间和绿地空间，减少高冲突区域的拥堵（图6-9）。同时，建议挖掘并展现传统村落历史文化特色，保护并利用传统文化空间，控制过于商业化、同质化、与传统村落文化无关的业态进入，这样既可以延续村落文化技艺、塑造空间形态的多样性，又能够提高空间吸引力，避免游客高聚集于单一的旅游商业空间。从而通过建筑、村落环境、基础设施、旅游服务等资源的共享，建立良好的居游共生系统，践行旅游激励下的乡村景观保护新模式，实现传统村落居民与游客的和谐共处[30]。随着乡村旅游业发展，居民与游客的空间冲突也将是一个动态变化的过程，未来将对此研究主题进行持续、深入的探讨，提出空间共享、居游共生的有效策略。

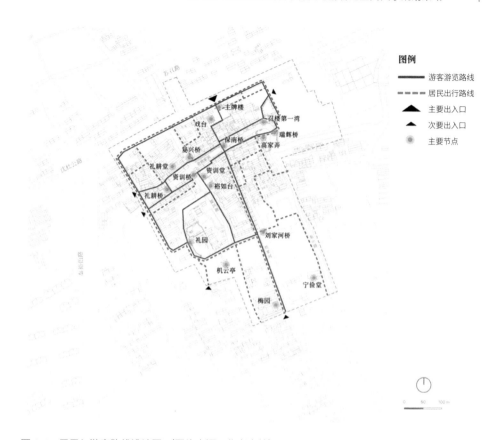

图 6-9　居民与游客路线设计图　（图片来源：作者自绘）

参考文献

[1] OCKLIN C. Environmental values, conflicts and issues in evaluation[J]. Environmentalist, 1988, 8(2): 93-104.

[2] 周国华, 彭佳捷. 空间冲突的演变特征及影响效应——以长株潭城市群为例 [J]. 地理科学进展, 2012,31(6):717-723.

[3] BIAGINI E. Spatial dimensions of conflict[J]. GeoJournal, 1993,31(2): 119-28.

[4] 程进. 我国生态脆弱民族地区空间冲突及治理机制研究 [D]. 上海: 华东师范大学, 2013.

[5] 陈来仪, 郑祥福. 对当代城市空间冲突的理性思考 [J]. 浙江社会科学, 2015(6):76-81,157-158.

[6] 周德, 徐建春, 王莉. 环杭州湾城市群土地利用的空间冲突与复杂性 [J]. 地理研究, 2015,34(9):1630-1642.

[7] 卢璐. 古村落旅游区主客交往与互容性研究 [D]. 西安: 陕西师范大学, 2011.

[8] 张彦, 于伟. 主客冲突对旅游目的地居民心理幸福感的影响——基于山东城市历史街区的研究 [J]. 经济管理, 2014,36(4):117-125.

[9] 吴丽敏, 黄震方, 谈志娟, 等. 江南文化古镇居民旅游影响感知及其形成机理——以同里为例 [J]. 人文地理, 2015,30(4):143-148.

[10] 常嘉欣. 主客人群行为冲突对古镇空间形态的影响 [D]. 南京: 东南大学, 2017.

[11] 林祖锐, 许鹏, 刘晓辉. 传统村落旅游发展下公共空间的更新研究——以山西省旧关村为例 [J]. 中外建筑, 2020(9):144-149.

[12] 李早, 叶茂盛, 黄晓茵, 等. 居游混合型传统村落街巷空间组织模式研究 [J]. 城市发展研究, 2021,28(3):24-31.

[13] BROWN G. Mapping landscape values and development preferences: a method for tourism and residential development planning[J]. International Journal of Tourism Research, 2010, 8(2): 101-113.

[14] 黄燕, 赵振斌, 张铖, 等. 旅游社区价值空间构成与人群差异 [J]. 旅游学刊, 2016,31(9):80-90.

[15] 黄潇婷. 基于时间地理学的景区旅游者时空行为模式研究——以北京颐和园为例 [J]. 旅游学刊, 2009,24(6):82-87.

[16] 谷峥. 居民需求视角下的传统村落环境景观整治研究——以河北省涉县宋家村为例 [D]. 石家庄: 河北师范大学, 2016.

[17] 彭莎. 改善旅游体验的古镇公共空间规划设计策略研究 [D]. 绵阳: 西南科技大学, 2019.

[18] 曹梦莹.基于功能转型的传统村落空间适应性改造策略 [D]. 合肥 : 安徽建筑大学 ,2020.

[19] 张振龙 , 陈文杰 , 沈美彤 , 等 . 苏州传统村落空间基因居民感知与传承研究——以陆巷古村为例 [J]. 城市发展研究 ,2020,27(12):1-6.

[20] 常嘉欣 . 主客人群行为冲突对古镇空间形态的影响 [D]. 南京 : 东南大学 ,2017.

[21] 杨佳灿 . 多元利益主体视角下漳州市传统村落旅游开发策略研究 [D]. 福州 : 福建农林大学 ,2019.

[22] 陆瑶 . 浅议上海召稼楼古镇的聚落演变 [J]. 美与时代 (城市版),2015(5):15-16.

[23] 李渊 , 叶宇 . 社区记忆场所的分类与优化 —— 以鼓浪屿为例 [J]. 建筑学报 ,2016(7):22-25.

[24] 谭辰雯 , 李婧 . 基于认知地图的传统村落保护方法创新研究 [J]. 小城镇建设 ,2019,37(9):77-83.

[25] 黄潇婷 . 基于时间地理学的景区旅游者时空行为模式研究——以北京颐和园为例 [J]. 旅游学刊 ,2009,24(6):82-87.

[26] 刘法建 , 张捷 , 章锦河 , 等 . 旅游流空间数据获取的基本方法分析——国内外研究综述及比较 [J]. 旅游学刊 ,2012,27(6):101-109.

[27] 赵敏 . 旅游挤出效应下的丽江古城文化景观生产研究 [D]. 昆明 : 云南大学 ,2015.

[28] 李渊 , 赖晓霞 , 王德 . 基于居民空间利益分析的社区型景区提升策略——行为视角与鼓浪屿案例研究 [J]. 地理与地理信息科学 ,2017,33(3):120-127.

[29] 曾陶娇云 . 基于主客行为的丽江古城遗产区典型公共空间保护策略研究 [D]. 昆明 : 昆明理工大学 ,2020.

[30] 杨佳灿 . 多元利益主体视角下漳州市传统村落旅游开发策略研究 [D]. 福州 : 福建农林大学 ,2019.

结 语

乡村人居环境是人类聚居环境的重要组成部分，乡村景观是经过多年乡村实践获得的可持续土地利用的代表。作为人与自然共同作用的结晶，乡村景观体现了土地利用方式的因地制宜，表现出独特的地方性和乡土特质，既保护了土地的自然特征和生物多样性，更保持了丰富的文化多样性，而这种景观规模、格局、风貌、文化上的多样性正是全球最为珍贵、需要共同守护和传承的。乡村景观不仅是全球重要的生产和生活资源，更是重要的游憩资源，独特的地域风貌、农耕文明与当地的历史文化，是乡村旅游发展的原生动力。

在乡村旅游迅速发展的今天，迫切需要正确地认识并尊重每一处乡村景观的价值，对其适当且有效地规划管理，合理地展现并利用乡村景观的休闲游憩价值。可持续旅游发展的视角，为乡村景观价值的保护和利用提出了新的途径。作为一种基于对话和利益相关者合作的新方法，可持续旅游发展主张整合旅游规划和遗产管理，评估和保护自然和文化资产，发展适当的旅游业（UNESCO, WHC）。乡村景观作为一种文化景观，其旅游发展要以其价值保护为核心，延续村民生活与村落景观的联系，为游客提供真实而独具特色的深度体验，保护乡土文化和地域风貌的原真性，从而提高村民与游客对传统村落的认同和依恋，激励二者积极的景观偏好、价值认知以及保护行为，使乡村旅游能够成为促进乡村景观保护、传承乡土文化价值的重要途径。

同时，我们强调乡村的游憩价值只是乡村景观价值的一个方面，乡村的游憩功能也不应该仅仅为了吸引外来游客，最主要的是要唤醒大家对乡村景观价值的认识和认可，保护乡村景观的价值；乡村不是城市人的游乐园，只是给城市居民提供一个短暂的逃离场所，而应该以乡村社区居民为基础，以内生式发展为路径，建设具有活力和生命力的生态文化家园。乡村旅游是乡村振兴的重要途径，但不是唯一途径，乡村旅游发展不是改变农业景观去建造一个乡村旅游景区，而是应该将旅游发展与人居环境建设相结合，以乡村游憩功能的发挥带动相关休闲农业、文创产业的发展，推动自然环境保护、乡土文化传承和基础设施建设，发挥乡村旅游发展在生态文明建设、乡土文化传承、城乡一体统筹发展中的积极作用。带着这些思考，我将在乡村景观与旅游规划领域进行持续的研究和探索。

　　本书的成稿特别感谢刘滨谊教授的悉心指导，有幸师从刘滨谊教授二十载，刘老师带领我在风景园林领域进行了很多有益的探索，从研究选题、逻辑框架到技术方法，一步步引导我掌握人居环境学的研究方法、围绕景观感应这一核心问题深入思考，并支持我将这些理论和方法运用到乡村景观和乡村旅游领域，鼓励我勤于思考、形成自己的研究特色。感谢韩锋教授的支持，韩老师以国际前沿视野为我打开了一个新的研究角度，将我带入了世界遗产可持续旅游的研究前沿，启发我对乡村旅游的研究要站在文化景观的高度、紧紧围绕乡村景观的价值展开，而不是普通意义上的旅游。感谢我的研究生们，五年来，我们一起走遍大江南北进行乡村调研探勘，他们的年轻、活力使研究工作充满乐趣，并经常给我的研究带来新的思路：阿琳娜、陈语娴、欧阳慕莹等参与了第一章三达古村、高峰村的调研和旅游规划；张佳琪、马椿栋参与了第二章同里古镇、皖南村落的调研和游客感受分析，杨珂进行了寺登村的调研和场所依恋分析，阿琳娜等进行了桃坪羌寨的调研和游客行为偏好分析；陈敏思、邱吉尔、战颖、龚修齐、刘睿灵、李心蕊、邱徐靓等参与了第三章定塘镇乡村调研和旅游规划；刘苏燕、杨珂、阿琳娜、欧阳慕莹、朱卓群、林子涵、郑雨欣、孙泽良、蒋惟一、肖茵然等参与了第四章余姚村调研及改造更新设计；欧阳慕莹进行了第六章革新村的调研和空间冲突分析；张冰心、杨缤茹、杨雪雯参与了书稿的校对和排版工作等。感谢上海同济城市规划设计研究院有限公司的支持，《黔东南自治州国土空间规划》《世界遗产武陵源风景名胜区》等研究课题及同里古镇等规划院的实践基地，都为本研究提供了丰富的案例和平台支持，使我们能够深入地展开调研工作，能够以大量的乡村实地调研数据和实际规划案例作为支撑，使理论研究能够与规划设计实践相结合，探索了一条以乡村景观价值为核心、以景观主体空间感受为媒介的乡村景观保护与旅游发展的规划设计之路。最后，衷心感谢同济大学出版社的编辑们为本书的出版反复校对、细致订正。也以此书感谢同济大学和兄弟院校的各位前辈和同侪，在课题研究和书稿写作过程中，他们给予了我很大的支持，这种浓厚的学术氛围不断滋养、激励着我！本书如有不足之处，敬请大家斧正！